플라잉 하이
FLYING HIGH

에어아시아에서 퀸즈 파크 레인저스까지

나의 이야기

트러스트북스

차례

서문

꿈이 담긴 간식 상자

배경음악 코어스Corrs, 〈드림스Dreams〉

몇 년 전, 동창생 게리 위그필드의 갑작스러운 전화를 받았다. 수화기 너머 멀리에서도 흥분한 목소리가 느껴졌다.

"토니, 우리 어머니가 네 물건을 발견했어."

"뭔데?"

"굉장한 거야. 다음에 네가 런던에 오면 소포로 보내시라고 할게."

당시 나는 일 때문에 쿠알라룸푸르에 몇 달간 머무르던 참이었고 금방 그 대화를 잊어버렸다. 며칠 후 런던 체스터 스퀘어에 돌아와서 집에 적응하려는데 초인종이 울렸다. 현관에 집배원이 소포를 들고 있었다. 상자는 길이 90cm에 높이 30cm쯤 돼 보였고 내 이름이 깔끔하게 인쇄된 흰색 스티커가 갈색 포장지에 붙어 있었다. 집배원에게 박스를 받으며 무거울까 봐 긴장했는데 의외로 아주 가벼웠다. 소포를 현관 앞

탁자에 두고 수령 확인 서명을 한 다음 문을 닫았다. 왠지 얼마 전 게리의 전화가 떠올랐고 포장지를 뜯었다.

몇 초 뒤, 나는 갈색 포장지 더미 가운데에 서서 눈물을 글썽이기 시작했다. 눈앞에 낡은 파란색 종이 상자가 나타났다. 모서리에 가죽을 덧댔고 놋쇠 자물쇠와 가죽 끈이 달려 있었다. 엡솜 컬리지에서 쓰던 간식 상자였다. 30년 만에 다시 보게 될 줄이야.

상자 뚜껑에는 스티커 세 장이 붙어 있었다. 웨스트햄 유나이티드, 콴타스 항공 그리고 포퓰러 원 출전팀 윌리엄스가 인쇄된 배지였다.

나는 자물쇠를 열고 뚜껑을 열었다. 아바의 〈어라이벌〉, 스틸리 댄의 〈로열 스캠〉 등 90분짜리 카세트테이프 두 개와 어머니가 쿠알라룸푸르에서 자주 보내주셨던 마른국수 봉지가 나왔다. 그 물건을 보니 감정이 북받쳐 올랐다. 어머니, 영국으로 떠났던 일, 학교생활 등 온갖 추억이 밀려들었다.

자라면서 가슴에 품었던 모든 꿈이 그 간식 상자에 구석구석 스며 있었다. 나는 예전부터 스포츠와 음악, 비행기를 사랑했다. 어린 시절의 꿈이 이제 현실이 되었음을 깨닫는 순간 온 몸에 전율이 일었다.

엡솜 컬리지를 졸업하고 나서 음반 회사의 부문장이 되어 유명 팝스타들과 파티를 했으며, 말레이시아와 아시아의 음악가를 세계 무대에 소개했다.

영국 축구 구단을 인수했고, 우리 팀이 승격했을 때 경기장에서 선수들이 나를 헹가래 쳤다.

포퓰러 원 그랑프리에서 내 전용 경주차를 몰고 출발선에 섰다.

영세 항공사를 인수해서 연간 7천만 명의 승객을 나르는 글로벌 회사로 탈바꿈시켰다.

간식 상자에 스티커를 붙일 때부터 30년 후 문을 열고 집배원을 맞이하기까지, 꿈을 이루는 과정에서 때로는 신경을 곤두세우고 상처를 받기도 했다. 하지만 온통 흥분과 즐거움으로 가득한 시간이었다. 어디로 튈지 모르고 믿기 힘든 이야기가 될 듯하다.

이런 꿈이 이루어지리라고는 생각지도 못했던 어린 시절과 학창 시절, 그 첫머리부터 이야기를 시작해보자.

1. 소년 이야기

배경음악 레이 찰스Ray Charles,

〈조지아 온 마이 마인드Georgia On My Mind〉

나는 동전을 넣으면 작동하는 쌍안경에 10센트를 넣고 수평선을 관찰했다. 아무것도 눈에 띄지 않았다. 쌍안경을 주기장 쪽으로 돌려 오래된 터보 프롭 엔진 비행기를 관찰했다. 말레이시아 싱가포르 항공의 포커 F27s기와 DC-3s기, 에어 베트남의 비스커스 키스카운트, 사설 경비행기 세스나 몇 대가 보였다. 쌍안경을 움직여 활주로 너머 격납고를 보니 기술자들이 비행기를 정비하고 있었다. 다시 수평선으로 눈을 돌렸다. 여전히 아무것도 보이지 않았다.

"앤서니, 진정해. 착륙하려면 한 시간은 남았어." 아버지가 말씀하셨다. 우리는 쿠알라룸푸르 수방 공항 전망대에 서 있었다. 날씨가 습한 1969년 7월이었고 몇 달 후면 내 다섯 번째 생일이었다. 아버지와 나는 또 출장을 떠난 어머니가 집에 돌아오기를 기다리는 중이었다.

아버지가 진정하라고 말한 건 이번이 세 번째였다. 나는 고개를 끄덕였다. 쌍안경 렌즈가 어두워져서, 동전을 집어넣고 다시 주기장에 집중했다. 우리는 나란히 서서 말없이 그쪽을 바라봤다.

마침내 멀리서부터 포커 F27기가 눈에 들어왔다. 작은 점이 익숙한 모습으로 바뀌더니 천천히 커지며 다가오다가 활주로로 급강하했다. 비행기가 땅에 닿는 순간 내 눈은 출입구로 쏠렸다. 비행기 문이 열릴 때, 나는 숨을 멈추고 어머니가 계단을 내려올 때까지 기다렸다. 어머니는 통로 유리창을 올려다보며 손을 흔들었다. 나는 터미널 건물로 달려가서 아래층 수하물 찾는 곳의 컨베이어 벨트를 살폈다. 가방을 집어 드는 어머니를 발견하자 또 흥분해서 계단을 전력 질주했다. 어머니가 출구로 나오는 순간 그 앞에 정확히 도착해서 어머니 품에 뛰어들었다.

나는 이 장면을 잊지 못한다. 그만큼 공항은 내게 항상 행복한 장소였다. 아버지와 나는 다만사라 하이츠에 있는 집에서 수방 공항으로 수없이 어머니를 마중 갔고, 그때마다 어머니를 다시 만날 수 있어 마음이 포근해졌다.

몇 년 후, 아버지와 나는 쿠알라룸푸르에 있는 웰드 백화점에 드나들었다. 웰드 백화점에는 큰 음반 가게가 있었고, 우리는 나무 선반에 수직으로 진열된 음반을 앞뒤로 뒤집어보며 구경했다. 일요일에 교회가 끝나면(나는 교회를 싫어했다) 백화점에 갔다가 점심은 주로 오래된 식민지 식당 '스테이션 호텔'이나 '콜로세움'에서 먹었다.

어느 날 발판 위에 올라가 까치발을 하고 음반들을 뒤적이다가 특별한 음반을 발견했다.

"아빠, 아빠!" 나는 발판에서 뛰어내려서(우리가 얼마나 자주 갔던지 직원들은 그 발판을 '앤서니 발판'이라고 불렀다), 딘 마틴Dean Martin 칸을 둘러보던 아버지에게 달려갔다.

"이거 사도 돼요?" 나는 눈을 빛내며 물었다.

아버지가 고개를 끄덕였다. 나는 신나서 팔짝팔짝 뛰었다. 슈프림의 〈슈프림스 어 고 고Supremes A' Go-Go〉, 나의 첫 음반이었다. 일주일 전에 패트릭 테오가 진행하는 라디오에서 '유 캔트 허리 러브You Can't Hurry Love〉'를 아버지와 함께 들은 후로 그 앨범을 갖고 싶어서 좀이 쑤시던 참이었다. 휴일에 아버지의 음반에 앉은 먼지를 털고 정리하면 집에 있는 그룬딩[1] 오디오로 그 앨범을 들을 수 있었다. 아버지는 딘 마틴, 시나트라, 빙 크로스비, 새미 데이비스 주니어 같은 고전 팝을 좋아했다. 모두 대중문화의 황금기에 등장한 가수다.

어머니를 생각하면 떠오르는 음악은 쇼팽의 녹턴이다. 나는 어머니가 거실에서 야마하 피아노로 그 아름다운 곡을 연주할 때가 좋았다. 어머니는 쇼팽 외에도 모차르트와 베토벤을 연주했고, 언제 어디로 이사하든 그 피아노는 꼭 어디 한구석에 자리를 잡았다. 어머니는 피아노와 바이올린 과외를 시키려 했지만 나는 혼자 연습하거나 어머니와 함께 하고 싶었다. 어쨌든 어머니에게 음악적 소질과 재주를 물려받은 게 틀림없다. 나도 어머니처럼 귀썰미가 있었고, 항상 들어서 배우는 쪽을 선호했기 때문이다.

어머니는 디온 워윅이나 캐롤 킹 같은 가수의 앨범을 자주 틀었다. 어머니 취향이 아버지보다 진보적인 편이었지만 두 분 다 음악을 무척

---

1) Grunding: 독일의 종합 가전업체

사랑했고 나는 그 영향을 많이 받았다. 음악은 언제나 나와 함께였다.

나와 떼려야 뗄 수 없는 또 한 가지는 아버지의 스포츠 사랑이다. 아버지는 말레이시아 TV에서 중계하는 스포츠라면 하나도 빼놓지 않고 시청하셨다. 경기며 행사를 놓치는 법이 없었고, 지치지 않고 약체 팀을 응원했다. 양 팀 전력 차이가 클 때는 항상 약한 팀이나 선수 편을 들었다.

아버지는 전국을 돌며 스포츠 행사에 나를 데리고 다녔고 텔레비전으로도 수많은 경기를 시청했다. 나는 어렸을 때부터 브라질 축구 팬이었다. 70년대 초반 브라질 팀은 펠레Pelé, 히벨리누Rivelino, 자이르지뉴Jairzinho, 카를로스 알베르투Carlos Alberto 등 믿기 힘들 만큼 다들 훌륭한 선수들로 구성되어 있었고, 1970년 월드컵 당시 브라질 팀은 의심할 여지없이 축구 역사상 최고였다. 아버지와 나는 영국 축구 경기를 6개월 후에 보여주는 TV프로그램 〈스타 사커〉도 시청했다. 이유는 모르겠지만 항상 영국 중부 지역 팀(웨스트 브로미치, 울버햄튼, 버밍엄, 애스턴 빌라 등)이 나왔는데 경기 내용은 형편없었다. 중앙 공격수에게 공이 가기까지 어설프기 짝이 없었고 허접한 미드필더는 기술도 전술도 전무했으며 경기장은 진흙투성이였고 태클은 격렬했다. 선수들은 경기 전략 따위는 안중에도 없이 최대한 빨리 공을 차서 넘기려고 용을 썼다. 브라질 팀이 보여준 정교함이나 품격은 전혀 없었다. 경기 진행 방식이 하늘과 땅 차이였다.

그러던 1975년 어느 날, 내 생각에 영국 축구 역사를 다시 쓴 시합을

〈스타 사커〉에서 시청했다. 애스턴 빌라 대 웨스트햄 경기였다. 런던 팀 시합은 그때 처음 봤는데, 진흙투성이에 잿빛이었던 버밍엄 경기장만 빼면 브라질 경기를 보는 듯했다. 웨스트햄은 후방부터 경기를 전개하면서 정교한 패스로 기회를 만들었고 전략과 품격을 갖춘 경기를 펼쳤다. 소속 선수는 트레버 브루킹, 앨런 드본셔, 프랭크 램파드, 팻 홀랜드 그리고 내가 제일 좋아하는 클라이드 베스트 등이었다. 브라질 슈퍼스타 못지않은 기량과 유연성을 갖춘 선수들이었다. 나는 그 자리에서 웨스트햄을 지지하기로 마음먹었다.

나는 운동을 좋아하긴 했지만 처음에는 영 젬병이었다. 여덟 살 때 처음 축구화를 샀고, 팀에서 자리 잡으려면 골키퍼가 가장 쉬울 것 같았다. 그냥 축구 자체가 즐거웠다. 그러다 열 살이 되자 갑자기 변화가 생겨 축구 실력이 좋아졌다.

그 무렵 삼촌에게 필립스 단파 라디오를 생일 선물로 받았다. 당시 TV에서 생중계를 하지 않았으므로 토요일 밤마다 〈BBC 월드 서비스〉와 패디 피니가 진행하는 〈스포츠 월드〉에 라디오 주파수를 맞췄다. 영국에서 오후에 진행되는 1부 리그 경기를 중계하는 프로그램이었다. 그때는 모든 경기를 토요일 오후 3시에 시작했고 일요일에는 경기가 없었다. 내 라디오에는 단파 주파수 몇 개와 중파 주파수, FM이 잡혔는데 제대로 수신하려면 이리저리 괴상한 자세로 라디오를 치켜들어야 했다(냉장고 옆이 가장 좋은 장소였다). 끝내주는 기계라는 생각이 들었다.

나는 시합 시즌 동안 주말마다 그 짓을 했다. 토요일 밤 11시에서 일요일 새벽 2시는 무조건 축구의 밤이었다. 웨스트햄 경기 생중계는 거의 없었지만 꾸준히 정보가 나온 덕분에 계속 그 팀을 응원할 수 있었다. 온갖 최신 뉴스를 전해주는 잡지 〈슛!〉도 구독했다. 그 잡지는 매 시즌이 시작될 때 각 리그 정보와 팀별 배지가 붙어 있는 벽보를 줬다. 나는 이런 장비로 무장하고, 토요일 밤마다 경기 결과가 나오면 리그 순위를 바꿨다. 리그마다 내가 가장 좋아하는 팀도 있었다. 믿기 어렵겠지만 당시 내가 '두 번째로' 좋아했던 팀은 퀸즈 파크 레인저스QPR였다. 게리 프랜시스, 스탠 보울스, 믹 토머스와 로드니 마시 같은 선수 덕분에 QPR은 웨스트햄 못지않게 매력적인 팀이었다.

나도 아버지처럼 스포츠광이었고, 우리는 말레이시아에서 관람할 수 있는 경기는 빼놓지 않고 보러 다녔다. 말레이시아에는 매년 메르데카 대회(Pestabola Merdeka)라는 축구 대회가 열렸다. 동남아시아 축구팀이 모두 모여 일주일 동안 연이어 경기를 치렀다. 1974년인가 1975년 한 해만 빼고, 우리는 한 경기도 놓치지 않았다.

바투 티가에 있는 자동차 경주로에서 열리는 포뮬러 투와 모토지피도 보러갔다. 사흘 동안 엄청난 소리로 고막을 때리며 진행되던 자동차 경주에 나는 열광했다. 당시 전설적이었던 동남아시아와 일본 선수가 있었다. 내 영웅은 앨버트 푼(이후에 기사 작위를 받았다)과 하비 야프였다. 그로부터 오랜 시간이 지난 뒤 처음으로 말레이시아에서 그랑프리가 열렸을 때, 엔진 속도를 올리는 포뮬러 원 자동차에 둘러싸여 경주로를 걷던 기억이 가끔 떠오른다. 역사적인 행사를 지켜보며 기뻐하던 아버지 모습을 떠올리면 간식 상자를 봤을 때처럼 눈시울이 뜨거워진다.

1975년 말레이시아에서 하키 월드컵이 열리자, 나라 전체가 흥분의 도가니에 빠졌다. 사실 말레이시아에서 스포츠 세계 선수권 대회가 열린 자체가 처음이었다. 아버지와 나는 경기마다 다 보러 다녔다. 아버지를 따라 나도 인도를 응원했는데, 준결승전에 진출한 인도가 연장전에서 말레이시아를 꺾고 결승전에서 결국 우승하자 묘한 기분이 들었다. 당시 경기장은 잔디밭이어서 비가 오면 경기를 취소하고 주중 저녁이 아닌 아침 시간에 다시 경기했다. 그럴 때 나는 학교에 데려다주려는 아버지를 졸랐다. "경기 보러 가요, 아빠. 놓치면 안 돼요." 결국 아버지가 승낙하면 우리는 경기장에 갔다. 아버지는 학교생활을 제대로 하지 않는다고 야단쳤지만, 그래도 학교 가는 날에 하키 경기를 보여주셨다.

아버지는 스포츠와 음악을 사랑하면서도 대단히 학구적이고 과묵했으며 엄격했다. 의사인 아버지는 WHO에서 말라리아와 뎅기열 퇴치 프로그램을 담당했다. 처음에는 기술자였다가 건축가가 되었고 결국 의료계에 정착하셨다. 인도 고아 지역 중산층 출신이지만 캘커타에서 자랐고 다섯 살에 기숙학교에 들어갔다. 학교에 잘 적응했고(특히 운동에 두각을 나타냈다) 뛰어난 성적으로 졸업했다. 의사 훈련을 받고 나서 말레이시아로 갔다가 어머니를 소개받고 말레이시아에 정착했다.

나는 아버지를 사랑했고 WHO 프로그램에 헌신하는 모습을 존경했다. 아버지의 정치적 견해도 내게 큰 영향을 미쳤다. 아버지는 공익을 우선하는 공중보건을 적극 지지했고 사설 의료에는 아주 부정적이었다. 천성적으로 호기심이 많아서 만물의 원리를 궁금해 했고 세계를 이해하고 싶어 했다. 아버지는 백과사전이라는 백과사전은 모조리 사서 내게도 꼭 읽으라고 하셨다. 그때는 그런 아버지가 싫었지만, 덕분에 내 호기심도 자라기 시작했다. 나는 아버지가 처음 사준 백과사전을 아직도 갖고 있다. 마셜 캐번디시에서 출판한 《지식의 책The Book of Knowledge》이다.

2017년 쿠알라룸푸르의 마샤 대학 신입생 환영회에 참석했다가 놀랍게도 1970년대 초반 아버지와 일했던 간호사 아지마 하산을 만났다. 그분 말로는 아버지가 키는 작았지만 운동선수처럼 몸이 탄탄했다고 한다(믿거나 말거나 한때는 나도 그랬다). 또 커피를 좋아했고 애연가였다며, 일이 끝나면 간호사들과 자주 커피를 마시며 얘기를 나눴다고 했다.

"쉽게 다가갈 수 있는 분이었어요. 우리는 무슨 말이든 아버님께는 해도 된다고 생각했죠. 상사라기보다 다정한 큰 오빠 같았어요."

그 순간 나는 아버지가 정말 자랑스러웠고, 내가 아버지의 아들이라는 사실도 자랑스러웠다.

아버지는 내성적인 분이었지만 어머니는 외향적이고 주변으로 에너지를 내뿜는 분이었다. 이야기하는 것도 좋아하고 친구들을 초대해 파티를 여는 것도 좋아하셨다. 우리 집에는 늘 잉크 스파츠, 위니프레드 앳웰, 플래터스 같은 뮤지션의 음악이 흘렀다. 어머니는 어느 날 전설적인 가수 겸 작곡가 레이 찰스가 말레이시아에 왔다는 소식을 들었다.

보안 개념이 없던 시절이어서, 어머니는 레이 찰스가 묵는 호텔에 전화해 자기소개를 한 다음 말했다. "파티를 열려고 하는데 오시겠어요?" 그리고 정말 레이 찰스가 파티에 왔다. 그는 똑바로 걸어가서 피아노 앞에 앉아 '조지아 온 마이 마인드Georgia On My Mind'를 연주했다. 그 곡을 들으면 아직도 심장이 저릿하다. 오랜 시간이 흐르고 내가 워너 뮤직 아시아의 대표가 되었을 때 말레이시아에서 레이 찰스를 만났다. 레이는 내 어머니, 피아노 그리고 파티까지 빠짐없이 기억했다.

어머니의 성도 페르난데스Fernandez였는데 마지막 철자가 s가 아닌 z였다. 말레이시아 말라카에서 태어나셨다. 나는 외가에서 기업가 정신을 물려받았다는 생각을 한다. 외가 친척은 전혀 아버지처럼 부유하지 않았다. 자동차 판매 사원이었던 외할아버지는 일본군에게 점령당했던 2차 세계대전 당시 영국과 연락을 취한다는 죄목으로 번번이 수감되었다. 외할아버지는 어머니처럼 위험을 무릅쓰는 모험가였다.

어머니는 학교를 졸업한 뒤 수녀원 부속학교에서 음악 교사가 되었지만, 이모가 주방용품 회사 타파웨어에 어머니를 주선한 것을 계기로 어머니의 기업가 유전자가 발동했다. 사업모델은 단순했다. 친구와 가족을 초대해서 타파웨어 제품을 소개해서 판매되면 수수료를 받는 식이었다. 인기 있는 사업이었고 어머니는 그 일을 무척 좋아했다. 그도 그럴 것이 파티를 열면서 동시에 사업가가 될 수 있지 않은가. 어머니는 뛰어난 소질을 보였고 영업사원으로 시작해 타파웨어 말레이시아 지사 임원으로 승진했다. 어머니는 판매사원을 만나거나 새 상품을 홍보하는 일로 항상 현장에 출장을 다니셨고 그 덕분에 나는 처음으로 비행기를 타고 페낭에 갔다. 그전에는 항상 버터워스까지 자동차를 타고 가서 페리를 타고 페낭섬으로 들어갔지만, 이번에는 쿠알라룸푸르에서 페낭으로 비행기를 타고 날아갔다. 아홉 살짜리 소년에게는 심장이 터질 듯 설레는 일이었다.

그 후 어머니와 나는 말레이시아 대리점으로 함께 출장을 다니면서 직원들을 격려하는 노래를 지었다. '머릿속이 타파 생각으로 가득해요 Goota Tupper Feeling Up in My Head' 같은 노래들이다. 타파웨어가 주제는 아니지만 나는 요즘에도 작곡을 한다. 어머니의 영향이다.

우리 집에서 어머니는 주도적인 역할을 했다. 모든 일의 중심이었고 우리 가족을 이끌어 나가셨다. 어머니는 내가 의사가 되기를 바랐다. 전해들은 얘기로는 내가 태어나자마자 청진기를 목에 걸어줬다고 한다. 내 첫 장난감마저 의사 용품 세트였다. 하지만 그런 어머니 탓에 나중에 갈등을 많이 겪었다.

어린 마음에도 어머니의 사랑을 듬뿍 느낄 수 있었다. 아버지는 애정 표시가 덜한 편이었다. 나는 열한 살에 학교 축구팀 주장이 되었고 일본 팀과 경기하면서 다섯 골을 넣었다. 아버지도 그 자리에 계셨고, 경기를 끝내고 아버지에게 가면서 생각했다. '이번에는 꼭 칭찬하실 거야.' 하지만 아버지가 한 말은 이게 다였다. "공을 혼자 갖고 있으면 안 되지. 한 번도 패스를 안 했잖아." 나는 큰 충격을 받았다. 하지만 그러면서도 아버지는 한 번도 빠짐없이 내 경기를 보러 오셨다. 헌신적인 분이었지만 감정을 말로 표현하거나 칭찬하는 데는 서툴렀다.

반면 어머니는 내가 완벽하다고 생각했고 항상 친구들에게 나를 자랑할 방법을 궁리했다. 어머니가 파티를 열 때마다 나는 거실에 불려 나와 피아노를 쳤다. 여러 곡을 술술 연주하면 어머니는 자랑스럽게 활짝 웃었다.

활달하고 후한 성품은 돈을 쓸 때도 마찬가지였다. 무모할 정도로 낭비벽이 있었던 어머니에게 나는 곧잘 응석을 부렸다. 우리 '만년 소녀 이모(우리가 아직도 이렇게 불러서 이모는 화를 낸다. 이모의 진짜 이름은 이너드다)'는 크리스마스만 되면 분위기가 어색했다고 말한다. 우리 집에 친척들이 모여서 크리스마스트리 옆에 아이들에게 줄 선물을 놓아두었다. 내 사촌들은 곰 인형이나 책 같은, 이모 말을 빌리면 '보통 선물'을 받았지만 나는 훨씬 거창한 선물을 받았고 아이들은 내 선물을 탐냈다. 이모 덕분에 기억해낸 일화가 있다. 어느 날 영국을 다녀온 어머니는 순수한 수정으로 만든 축구공을 주셨다. 그 공으로는 축구도 할 수 없는데, 무슨 이유로 선물하셨는지는 모르겠다. 만년 소녀 이모는 어머니가 애를 버릇없이 키운다고 했지만, 어머니는 이렇게 대답했다. "어쩔 수 없어. 안 된다는 말이 차마 안 나온단 말이야."

아버지는 어머니보다 검소했고 화려한 걸 그리 좋아하지 않으셨다. 내가 두 분의 좋은 부분만 닮았다고 생각하고 싶지만 소비 성향은 어머니, 사업 운영 방식은 아버지 영향을 많이 받은 듯하다. 사람들을 즐겁게 하는 데 돈 쓰기를 좋아하지만, 가슴속 깊이 자리한 회계사 성향 때문에 돈을 통제하고 싶어 한다. 내 재산보다는 회사를 운영하는 쪽에 더 능숙하다고 하는 게 맞겠다.

사치스러운 어머니 덕분에 즐거운 일도 많았지만 가끔 어려움을 겪었고, 살림이 어려워지는 바람에 내가 사랑했던 집을 떠나야 했던 적도 있었다. 내가 기억하는 첫 집은 런던의 복층 주택처럼 두 공간으로 나뉘어 있는 테라스 하우스다. 우리는 위층에 살았고 아래층에는 부지런한 유대인 부부가 살았다. 타워 레코드 체인점을 운영하다가 커피빈 체인점으로 업종을 변경했다고 한다. 그다음에는 아버지 직장 WHO를 통해 구했던 커다란 식민지풍 집에 살았다. 집 정원이 축구 경기장을 그릴 수 있을 만큼 큼직했다. 그 이상 좋은 집은 없을 것 같았지만, 얼마 후 우리는 신흥 번화가 다만사라 하이츠에 집을 샀다. 그 집은 가장 생생하게 내 기억에 남아 있다. 시끌벅적한 파티가 열리고, 잊지 못할 크리스마스를 보내는 등 어린 시절 가장 행복했던 기억이 있는 곳이다. 그 무렵 여동생이 태어났다. 동생에게 관심이 집중돼서 질투가 좀 나긴 했지만 전반적으로 행복한 시절이었다.

그 후로도 쿠알라룸푸르에서 몇 번 더 이사하다가 결국 한 군데에 정착했다. 동네에 내 또래 아이들이 대여섯 명 있어서 저녁마다 함께 놀곤 했다. 우리는 미개발 지역에 모여서 배드민턴이나 축구 등 이런저런 공놀이를 했다. 어머니는 내가 열심히 공부하지 않는다고 화를 냈고 의사가 되지 못할까 봐 전전긍긍하셨다. 하지만 나는 그다지 학구파는 아니었다. 그 또래 소년이 다 그렇듯, 왜 무턱대고 외워야 하는지 이해할 수 없었다.

내가 11살이 됐을 무렵, 어머니에게 뭔가 문제가 있다는 생각이 들었다. 어머니의 기분은 한동안 한껏 고조됐다가 다시 오랫동안 저조해졌다. 가끔 정말 심해지기도 했다. 공부하기 가장 좋은 시간이 새벽 5시라는 얘기를 어디선가 듣고, 나를 5시에 깨워서 함께 역사 공부를 하자고 하셨다. 그러다가 몇 달이고 방에 틀어박히기도 했다.

어머니의 기분이 좋지 않은 기간에는 아버지가 나서서 어머니를 병원에 보내셨다. 11살이었던 내가 보기에는 말도 안 되는 일이었다. 어머니가 있을 곳은 집이었으니까. 왜 어머니를 보내는지, 어머니가 우릴 왜 떠나야 하는지 이해하지 못하고 아버지와 싸우기도 했다. 몇 달이 지나자 어머니는 우울한 기간이 더 길어지는 듯했고 어머니의 부재는 더 크게 느껴졌다. 나는 어머니가 방에서 나오거나 병원에서 돌아오기만을 손꼽아 기다렸다.

어머니가 우울해하면 집안 분위기도 우울했다. 춥고 텅 비고, 지나치게 고요했다. 피아노 소리도 울리지 않았고 아버지는 조용히 움직이셨다. 친구들과 어울리고 파티를 하는 일이 없어지면서 내 피아노 실력은 예전 같지 않아졌다. 나는 어머니가 다시 콧노래를 흥얼거리거나 집안 여기저기 나를 잡으러 쫓아오기만을 간절히 바랐다.

아버지는 내게 엄격하셨다. 어머니가 없으니 예전 같은 자유를 누릴 수 없었다. 아버지는 나를 자리에 앉히고 책을 읽거나 숙제를 하게 하셨다. 그럴 때 어머니처럼 온화하진 않았다.

어느 날 아버지와 나는 부엌에서 크게 다퉜다. 아버지가 또 어머니를 병원에 보냈고 나는 화가 나서 감정을 억누를 수가 없었다. 우리는 식탁에 마주 보고 앉아 말다툼을 했다. 어머니 없이 지내야 할, 절망과 슬픔과 두려움으로 가득한 기나긴 시간이 다가오려 했다.

"아버지, 어머니를 보내지 마세요! 어머니는 집에 있어야 해요. 어머니가 없으면 싫단 말이에요!" 내가 소리쳤다.

"앤서니, 엄마를 위해서 하는 일이야. 시간이 지나면 좋아질 거야." 아버지는 나를 진정시키려고 했다.

"시간이 지난 후는 관심 없어요."

"잘 들어. 엄마는 병을 치료하려고 병원에 간 거야."

"아버진 너무 잔인해요. 미워요!" 내가 쏘아붙였다.

아버지는 조금도 충격 받지 않은 눈치였다. "다시는 그런 말 하지 마. 버릇없이 굴면 안 돼. 네 방으로 가." 아버지가 고함쳤다.

"싫어요." 내가 고집스럽게 말했다.

아버지는 한 번도 손찌검을 한 적 없었지만 나는 그때 아버지에게 맞을 거라는 생각이 들었다. 아버지는 몹시 화가 난 것 같았다. 아버지에게 그렇게 격렬하게 반항한 적은 처음이었다.

잠시 어찌할 바를 모르던 아버지는, 평소 답이 필요할 때마다 하던 행동을 하셨다. 뒤를 돌아 책장에서 책을 꺼냈다. 찾는 페이지가 나올 때까지 책을 넘기다가 식탁 위에 쾅 내려놓으셨다.

"읽어 봐. 그리고 네 방으로 가." 그렇게 말하고 나가셨다.

아버지가 그렇게까지 화내는 모습은 처음이었다. 지금 생각해보면, 그때 아버지는 걱정되고 불안했던 모양이다. 아버지와 어머니는 성격은 딴판이었지만 서로 깊이 사랑하셨다.

아버지가 나간 다음 나는 식탁으로 가서 책을 들고 펼쳐진 페이지를 읽었다. 조울병을 설명하는 페이지였다. 조울병 증상과 간략한 치료법을 읽으면서 어머니의 상태가 얼마나 심각한지 깨달았다. 나는 얼마 지나지 않아 아버지를 찾아가서 아버지 말이 맞았다고 인정했다.

슬픈 소식을 잊으려고 나는 전보다 더 운동에 열을 올렸다. 아버지가 격려해주셨다. 겉으로는 냉담하지만 속으로는 뜨거운 분이었다.

어머니가 심한 고통을 겪고 있어서인지 아니면 나를 의사로 만들고 싶은 마음이 아직 간절해서인지, 부모님은 1976년 8월 영국 엡솜 컬리지로 떠나는 가족 여행을 계획하셨다. 엡솜 컬리지는 의학도를 많이 배출하기로 유명한 유서 깊은 중등학교다. 우리는 비행기를 타고 런던으로 가서 그레이트 포틀랜드 스트리트Great Portland Street 근처 화이트 하우스 호텔에 묵었다. 나는 학교 견학에는 전혀 관심이 없었고 부모님이 왜 나를 여기 보내려는지 이해할 수도 없었다.

결국 마지못해 시험을 봤다. 가족이 다 함께 학교와 운동장 견학을 했으니 시험에 붙어야 했다. 면접에서 했던 질문이라고는 축구팀이 있냐는 것뿐이었다. 럭비와 하키팀만 있다는 대답을 듣고 학교에 다니는 아이들이 불쌍해졌다. 축구팀이 없다니!

어머니는 나를 셀프리지 백화점에 데려가서 웨스트햄 티셔츠를 사주셨다. 빨간색과 파란색이 섞인 반짝이는 티셔츠를 입으니 의기양양해져서 어제 실망했던 마음은 눈 녹듯 사라졌다. 아버지는 영국에 있는 동안 웨스트햄 경기 표를 구하려고 했지만 결국 실패했다. 하지만 그 여행에서 잊지 못할 순간이 또 있었다. 그 무렵 파이렉스Pyrex사에서 일했던 어머니는 선덜랜드로 회의를 하러 가야 했다. 우리는 기차를 타고 선덜랜드로 갔고, 어머니가 회의하는 동안 아버지와 나는 로커 파크에 갔다. 말레이시아에서 본 그 어느 경기장보다 훨씬 컸다. 관중 없이 경기장만 봐도 어지러울 지경이었고 영국의 1부 리그 경기가 어떤 분위기인지 처음으로 느낄 수 있었다. 그전까지는 그저 라디오를 듣거나 TV에서 경기 주요 장면을 보면서 경기장을 상상했을 뿐이었다. 경기장을 가까이서 경험하니 진짜 경기가 얼마나 강렬하고, 시끄럽고 또 신날지 온 몸으로 느낄 수 있었다.

나는 말레이시아에 돌아와서 금세 엡솜을 잊어버렸다. 1년이 흐르는 동안 저녁마다 웨스트햄 티셔츠를 입고 어머니가 밥 먹으러 오라고 부를 때까지, 아니면 해가 질 때까지 축구를 했다.

그러던 1977년 어느 날, 어머니와 아버지가 내 방에 들어오셨다. 이런 일이 드물었지만, 침대에서 뛰고 있던 내게 그만하라고 말씀하시려는 줄 알았다. 하지만 아버지는 9월에 영국 학교에 가라고 말씀하셨다. 축구팀도 없다는 그 학교 말이다.

2. 떠나다

배경음악 앤드루 골드Andrew Gold, 〈론리 보이Lonely Boy〉

1988년 9월 초, 부모님이 나를 공항까지 바래다주셨다. 나는 무섭지 않았다. 사실 열세 살에 처음으로 혼자 비행기를 탄다니 신날 따름이었다.

도착하자마자 승무원을 따라 대기실에 가서 콴타스 항공 탑승이 시작되기 전까지 대기실에 앉아 있었다. 어머니와 아버지, 여동생과 작별인사를 하자, 혼자 비행기를 탄다고 들떴던 마음이 가라앉았다. 747기 엔진 출력이 최대로 올라가면서 굉음이 나고, 활주로를 미끄러지다가 요동치면서 이륙할 때의 설렘을 나는 지금도 사랑한다. 비행기가 가파르게 이륙하면서 맑고 푸른 하늘로 구름을 뚫고 올라갈 때 귀가 울리던 때가 아직 생생하다. 나는 비행기를 탈 때마다 아드레날린으로 버텼다. 한숨이라도 잤던 기억이 전혀 없다. 비행기는 바레인에 잠시 머물렀지만 비행기를 떠나지 않았다. 잠시 나갔다 와도 되지만 그러고 싶지 않았다.

마침내 영국 히스로 공항에 도착해서 주위를 둘러보자마자 이런 생각이 들었다. '여기 사람들은 다 하얗구나!' 비행은 즐거웠지만 혼자 공항에 도착하자 무서워졌다. 표지판을 따라 수하물을 찾으러 가는 길에 수

많은 사람과 마주치면서 나 자신이 작게 느껴졌고 공항 전체가 너무 크게만 느껴졌다. 전에도 와본 적은 있었지만 부모님과 함께일 때와는 전혀 느낌이 달랐다. 나는 긴장됐고 어찌할 바를 몰랐다. 설상가상으로 혼자 커다란 버스를 타고 엡솜으로 외로운 여행길에 올라야 했다. 학교에서는 부모님께 그린 라인 버스 727번을 타라고 했다. 버스를 타려면 어디로 가야 하는지, 몇 시간이나 타고 가는지 오리무중이었다. 엡솜 하이스트리트에 있는 스프레드 이글 주점 앞에 내려야 한다는 것만 기억났다.

나는 수하물 찾는 곳에서 구멍으로 나오는 가방에 시선을 고정하고, 다른 승객들이 가방을 집어 들고 떠나는 모습을 초조하게 두리번거리며 기다렸다.

결국 727번 버스가 공항 밖 2번 터미널에서 떠난다는 사실을 알아냈다. 운전기사는 내 가방을 짐칸에 넣고 승객들이 더 타길 기다리다가 떠났다. 테딩턴, 킹스턴을 지나 교외 지역 서리Surrey로 들어섰을 때는 눈이 의심될 정도로 온 사방이 초록색이었다. 또 그렇게 붐비는 곳은 난생처음이었다. 도로에는 사람과 자동차, 오토바이, 화물차가 가득했다. 다음 정류장이 어디인지 살피면서 신경을 곤두세우고 앉아 있는 동안 버스는 멈추고 출발하기를 끝없이 반복하는 것 같았다.

운전기사는 엡솜 하이스트리트의 스프레드 이글에 도착하자 내게 친절하게 알려주고 짐을 내려줬다. 버스는 개트윅 쪽으로 떠났고, 이제 뭘 해야 할지 몰라 주위를 두리번거렸다. 마침 지나가던 10대 소녀에게 학교로 가는 길을 물었다. 소녀가 손을 들었을 때 나는 그게 영국식 인사인 줄 알았지만 돌아온 대답은 달랐다. "집에 가. 너 같은 건 여기 오면 안 돼."

그렇게 영국에서 제대로 환영 인사를 받았다.

결국 나이가 지긋한 남자가 길을 제대로 알려줬고 나는 마지막 여정을 위해 걸음을 옮겼다. 가방은 무거웠고 당연히 그때는 바퀴도 달려 있지 않았다. 가방을 들고 천천히 엡솜 하이스트리트의 좁은 길을 지나 녹음이 우거진 도시 외곽으로 걸어가다가 마침내 앞으로 6년간 살게 될 집을 가리키는 표지판을 발견했다.

비행기를 타고 버스를 타고, 3km를 걸은 다음이라 기진맥진한 데다 춥고 배도 고팠다. 엡솜 컬리지 교정으로 여행 가방을 들고 가면서 처음으로 혼자 본관 건물을 바라봤다. 잔뜩 주눅이 들었다. 약간 경사진 곳에 앉아서 보니 본관 정문은 거대한 목조 이중문이었고 정문 양쪽으로 건물이 150미터 정도 뻗어 있었다. 정문 위로 총안 무늬 탑이 솟았고 깃대에 꽂힌 영국 국기가 자랑스럽게 나부꼈다. 정문에 아치형으로 장식된 하얀 돌은 전체 건물의 붉은 벽돌과 대조됐고, 건물 여기저기 창틀에 납을 씌운 창문이 나있었다. 쿠알라룸푸르에서 온 13세 소년을 따뜻하게 맞아주는 광경은 아니었다. 히스로 공항에서도 나 자신이 작게 느껴졌는데, 이제 현미경에나 겨우 보일 지경이었다.

거대한 문을 열고 들어가자 한 선생님이 내가 지낼 기숙사가 어딘지 알려줬다. 붉은색과 흰색이 섞인 홀만 하우스라는 건물이었다. 선생님은 10분 뒤에 저녁 식사 시간이니 서둘러 옷을 갈아입으라고 했다. 나는 교정을 다시 가로질러, 아까 올랐던 언덕을 다시 올라가서 홀만 하우스에 갔다. 계단을 올라가서 내가 지낼 방을 발견했다. 기다란 방의 양쪽 벽을 따라 침대가 10개씩 총 20개 줄지어 있었다. 빈 침대로 가서 여행 가방을 열고 교복을 꺼냈다. 다른 아이들이 호기심에 찬 눈으로 나를 바라보다가, 내가 넥타이를 제대로 매지 못하자 웃음을 터뜨렸다. 나는 원래 넥타이 매는 데 서툴렀다. 결국 날 불쌍하게 여긴 동급생 로디 윌리엄스가 도와줬다. 혼자서 다시 매지 못할까 봐 걱정돼서 첫 주 내내 넥타이 매듭을 그대로 뒀다. 밤에는 넥타이 끈 사이로 머리가 빠져나올 수 있게 매듭을 느슨하게 했다가 아침에 다시 조였다. 새 친구 로디와 축구 얘기를 하면서 내 기분도 좀 나아졌다.

우리는 늦은 데다 배가 고파서 계단을 달음질쳐 내려와 본관 식당을 향해 달렸다. 대화에 너무 몰두했다가 늦을까 봐 최대한 지름길을 골라 운동장을 뛰어갔다. 난데없이 어떤 남자가 목청껏 소리를 질렀다.

"이 버릇없는 녀석들! 당장 잔디밭에서 나오지 않으면 벌을 줄 테다!"

우리는 겁을 먹고 얼어붙었다. 다른 아이들은 저녁을 먹는다고 신나서 달려가는데, 양복에 검은색 학자 가운을 입고 엄해 보이는 역사 담당 파커 선생님이 재빨리 우릴 쫓아와서 호통을 쳤다. 로디와 나는 고개를 꾸벅하고 뒷걸음질 쳐서 식당으로 갔다. 처음 학교에 와서 피곤하고 속상했는데 설상가상으로 처음 만난 선생님에게 공개적으로 망신까지 당했다.

왜 나를 엡솜으로 보냈는지 부모님이 명확히 말해준 적은 없지만, 얼마 지나지 않아 그 의도를 분명히 알 수 있었다. 엡솜 컬리지는 1855년에 의사 미망인들이 지낼 곳을 마련하고 그 자녀를 교육하려는 목적으로 설립됐다. 존 프로퍼트 박사가 세운 왕립 의료재단에서 기금을 조성하고 학교 건물을 지었다. 학교가 문을 열었을 때는 왕립 의료 자애 학교Royal Medical Benevolent College로 불렸다. 처음에 남학생 100명 정도로 시작했는데 학생 수가 빨리 늘지 않았다고 한다. 내가 도착했을 때는 학생 수가 거의 600명이었다. 듣기로는 영국 내 중등학교 중에 배출한 의사 수가 가장 많다고 한다. 세계에서 가장 많다는 얘기도 있다. 하지만 어머니의 희망과는 달리, 나는 그 의사 중 하나가 되어 감동적인 엡솜 역사에 보탬이 될 운명은 아니었다.

입학 첫 주에는 학교 안팎의 지리와 건물 역사를 익히고, 이상해 보이는 것들에 익숙해지려고 애썼다. 큰 식당에서 500명이 넘는 소년들과 밥을 먹고, 한 방에서 19명이 자는 게 정말 낯설었다.

우리 빨래를 해주는 아주머니가 두 분 있었는데, 학생들이 더러운 옷을 방 한쪽 끝에 있는 큰 바구니에 넣기만 하면 며칠 뒤에 다림질된 깨끗한 옷이 돌아왔다. 새로운 생활은 낯설기만 했고 집만큼 편하게 느껴지지 않았다. 아침에 샤워할 때 물은 미지근하거나 깜짝 놀랄 정도로 차갑기 일쑤였고 항상 6학년부터 씻었다. 진작 내 주변을 얼쩡거리던 향수병이 제대로 나를 파고들었다. 집이 그리웠다. 삶이 크게 변해버렸고 내가 알던 모든 것에서 아주 멀리 떨어져 버린 느낌이었다.

첫 체육수업도 낯설기는 마찬가지였다. 럭비를 했는데 내 눈에는 처음부터 끝까지 잘못돼 보였다. 달걀처럼 생긴 공을 들고, 날 바닥에 쓰러뜨리려고 혈안이 된 상대 선수를 들이받는다. 내가 사랑하는 스포츠와는 정반대였다. 첫 경기에서 상대편 아이가 공을 잡고 운동장 가장자리를 따라 뛰어왔다. 나는 빠르게 달려서 그 아이를 가뿐히 따라잡았다. 모두 내게 태클하라고 소리 질렀지만, 내 생각에 축구라면 발 걸기 반칙이 될 게 분명해서 그럴 수 없었다. 그 아이가 트라이[2)]로 득점할 때까지 나는 쫓아가기까지만 했다. 정말 하나도 이해가 안 됐다.

경기가 끝나고 우르르 탈의실에 몰려갔는데 다 함께 수영하라는 얘기를 들었다. 나는 큰 충격을 받았다. 서른 명이나 되는 소년들과 함께 샤워실을 써야 한다니 어색하기 짝이 없는 일이었다.

교복을 갈아입고 나서 운동복과 속옷을 어디에 둬야 할지 몰라 두리번거렸다. 나보다 나이 많은 아이가, 럭비 하는 동안 교복을 걸어두었던 철사 바구니를 가리켰다. 나는 또 깜짝 놀랐다. 교복과는 다르게 운동복은 세탁하기 전까지 최소한 서너 시간은 바구니에 그대로 있다. 경기하다가 흠뻑 젖거나 흙탕물을 뒤집어썼다면, 다시 찾으러 올 때까지 거기서 그대로 썩고 있는 셈이다. 바구니를 당기려니 꺼림칙했다.

첫 주 토요일에 학교 대항 원정 경기에 처음 참여했다. 모두 왓포드 근처 머천트 테일러스 스쿨까지 한참 대형버스를 타고 갔다. 한 아이가

---

2) 럭비의 대표적인 득점 방식으로 5점에 해당하며, 상대팀 인골 라인에 공을 터치하여 득점한다.

직접 자이르지뉴Jairzinho라고 적은 아디다스 가방을 들고 있었다.

"자이르지뉴를 알아?" 나는 데즈 마호니라는 그 아이에게 물었다. 럭비 경기에서 내가 태클하지 않고 터치라인까지 쫓아갔던 아이였다. 데즈는 평생 숲속에서 살다 나온 아이를 보듯 나를 쳐다보았고, 우리는 곧 위대한 브라질 선수 얘기를 하다가 서로 제일 좋아하는 축구팀이며 스타 선수 얘기를 나누기 시작했다. 얄궂게도 럭비를 하는 학교에서 축구 덕분에 인정을 받았고 데즈와는 평생 친구가 되었다. 쿠알라룸푸르에서 다녔던 국제학교 앨리스 스미스 스쿨까지 포함해서 학창시절 많은 친구를 사귀었는데, 다수가 엡솜 시절에 사귄 친구들이고 데즈와는 지금도 연락하고 지낸다.

어떻게 하는지 전혀 모르면서 나는 럭비에 뛰어들었다. 어쨌든 럭비도 운동이고 나는 몸놀림이 재빠르고 손재주가 좋았다. 어느 날 오후, 학교 럭비 팀 소속으로 경기를 해서 네 번 트라이로 득점했다. 상대 팀 선수가 나를 따라잡지 못한 덕분이었다. B팀이었다가 A팀 선수단으로 이동한 걸 보면, 선생님이 나를 주목했음이 틀림없다.

가끔 집에 전화했지만 여전히 부모님과 친구, 친척들이 그리웠다. 기나긴 첫 학기 중간 방학이 시작되기 전에 어머니에게 전화를 걸었다. 돌이켜보면 앞날을 예언하는 대화였다.

"엄마, 집에 가고 싶어요."

"집에 오려면 돈이 너무 많이 들잖니."

"하지만 여긴 너무 힘들어요. 다들 보고 싶단 말이에요."

"앤서니, 항공료가 엄청나게 비싸니까 크리스마스까지 있다가 집에 오렴."

"왜 그렇게 비싸요? 싸게 하면 안 돼요?"

"비행기 타는 건 원래 비싸. 두 달에 한 번씩 집에 오갈 만 한 돈은 없단다."

나는 화가 났다.

"내가 싸게 만들 거예요."

당시에는 별 중요한 대화라고 생각하지 않았다. 부모님과 친구들을 보러 집에 갈 수 없다는 게 마냥 화가 났고, 돈이 이렇게까지 내 행복에 걸림돌이 된다는 것이 이해할 수 없었다.

물론 지금 생각하면, 이때 내 사업 아이디어와 평생 가는 사명이 처음 세상에 나왔다. 나는 본능적으로 나와 가족을 갈라놓는 존재가 비행기 표라는 걸 깨달았다. 표 값을 감당할 여력이 없어서 여러모로 불행하다고 생각했다. 수십 년 전 엡솜에서 이렇게 씨앗을 뿌리지 않았다면 에어아시아는 태어나지 않았을 것이다.

첫 시험을 치르며 몇 주가 지나자 향수병은 빠르게 사라졌고 두세 학기 내에 바빠졌다. 나처럼 장난을 좋아하는 친구들과 돈독해져서 항상 수업시간에 노닥거리며 선생님뿐 아니라 우리끼리도 장난을 쳤지만 지나치게 하지는 않았다. 예전부터 학생들 사이에는 기숙사를 타고 넘어가는 도전과제가 있었다. 2층 창문을 탈출해서 창턱이나 발판 따위를 최대한 딛고 배수관을 기어서 지붕 위로 올라갔다가 반대쪽으로 다시 내려오는 과제였다. 건물 높이며 등반 난이도를 지금 생각하면 좀 아찔하다. 요즘에는 그런 짓이 금지되었겠지만, 70년대에는 아무도 신경 쓰지 않았고 다친 사람도 없었다고 한다.

무엇보다 매일 운동에 몰두할 수 있었다. 학교에서 하키 경기는 중요 행사였고, 말레이시아에서 아버지와 하키 경기를 보러 다녔고 친구들과도 약간 해봤던 경험이 있어서 경기 규칙 정도는 이해하고 있었다. 최근 데즈가 해준 얘기로는, 데즈는 내가 처음 엡솜에 왔을 때부터 하키에 소질이 있다는 걸 눈치 챘다고 한다. 눈과 손동작을 일치시키는 능력이 뛰어났고 키는 작지만 근육질이어서 상대 선수가 태클을 걸어도 흔들리지 않았다. 나는 축구를 할 때처럼 재빨랐고 본능적인 골 감각이 있었다. 말레이시아 월드컵 때 인도팀 경기가 끝난 다음 아버지와 나는 인도팀에 다가가서 내 하키 스틱(뱀파이어 제품)에 주장 사인을 받았다. 그 하키 스틱은 내가 애지중지하는 자랑거리였고 엡솜에서 누구나 볼 수 있도록 그 스틱으로 경기했다.

엡솜에서는 가을에 럭비가 끝나고 봄 학기에 하키를 했다. 하키를 어떻게 하는지 알기는 했지만 무더운 말레이시아에서 경기하는 데 익숙했지, 손이 얼어 스틱을 제대로 잡을 수 없을 정도로 추운 날씨에 뛴 적은 없었다. 경기장은 물에 잠기다시피 하거나(공이 계속 진흙탕에 빠진다는 뜻이다) 얼어붙었다(우리 모두 미끄러진다는 뜻이다). 첫 겨울 학기에는 눈이 왔다. 눈을 한 번도 본 적 없던 나는 당황했다. 눈이 얼마나 오래 가는지 반 친구에게 물었다가, 하룻밤 새 그 하얀 담요가 사라져버린 것을 보고 더 놀랐다. 경기장이 눈에 덮였던 날 우리는 엡솜 공공 수영장에 갔다. 당연히 수영하리라고 생각했지만 수영장 너머에 단풍나무로 된 바닥이 있었고 거기서 실내 하키를 했다. 매섭게 추운 날 경기하는 일보다 오히려 더 이상해 보였다.

여름 학기 체육 수업에는 주로 크리켓과 육상을 했다. 나는 아주 뛰어난 단거리 주자여서 첫 2년 정도는 육상에 집중했다. 키는 작았지만 번개처럼 빨랐다. 불행히도 나는 키가 제대로 자라지 않았다. 다른 아이들 다리는 쑥쑥 길어지는데 내 다리는 그대로였다. 럭비를 할 때는 속도가 빠르고 넘어뜨리기 어려운 체격이어서 문제가 없었지만, 100m가 넘는 거리를 곧장 달려야 할 때는 키 큰 아이보다 보폭이 좁아서 불리했다.

그다음에는 크리켓을 시작했다. 내게 크리켓은 대단히 잘해서 100점씩 득점하거나 엉망으로 해서 시작하자마자 퇴장당하는 종목이었다. '모 아니면 도'로 중간이 없어서 체육 선생님은 실망했다. 나는 라켓을 뒤로 뺐다가 휘둘러서, 공이 앞으로 똑바로 가지 않고 오른쪽으로 휘어졌다가 앞으로 나가는 괴상한 타법을 사용했다. 기숙사 사감이자 크리켓 코치 로이 무디 선생님은 이 문제를 바로잡으려고 시간을 들여 나를 가르쳤지만 결국 제대로 배우지 못했다. 말하자면 나는 평범한 플레이가 어려웠다. 컨디션이 좋을 때는 거침없이 득점했지만, 어이없게 아웃되는 일도 많았다. 크리켓 라켓과 하키 스틱을 휘두르는 방법이 똑같았는데, 공을 골문에 넣을 때는 라켓을 있는 힘껏 휘둘렀으므로 문제가 덜했다.

학교에 적응한 다음부터는 인기 있는 아이가 되었지만, 항상 다른 아이들과 어느 정도 거리감이 있었다. 이유가 무엇인지는 평생 아무리 노력해도 알 수 없었다. 하루는 나와 친한 통학생 찰리 헌트가 기숙사 학생들을 자기 집 파티에 초대했다. 초대받지 못해서 마음이 상했던 나는 피부색 탓이라고 생각했다. 몇 년 뒤 찰리에게 물어봤더니 내가 나이프와 포크 사용법을 모를 것 같아서 그랬다고 했다. 나무 위 오두막집 같은 데서 자랐으리라고 생각해서 창피 주고 싶지 않았다는 것이다. 당시 말레이시아를 아는 사람은 아무도 없었다. 나는 보통 싱가포르와 태국 사이에 있다고 설명했지만, 그래도 사람들은 어딘지 잘 몰랐다. 사람들이 대부분 말레이시아를 모른다는 사실에 마음속 깊이 충격을 받고, 말레이시아와 동남아시아 국가를 알리고 싶어 그토록 열심히 일했던 건 아닐까 생각해본다. 에어아시아가 한몫하고 있긴 하지만 오랜 시간이 걸릴 일이다.

분명한 인종차별을 실제로 목격하기도 했다. 학교에는 백인 숫자가 압도적이었고 당시 문화는 지금과 아주 달랐다. 〈죽음이 우리를 갈라놓을 때까지Till Death Us Do Part〉와 〈네 이웃을 사랑하라Love Thy Neighbour〉 같은 TV 프로그램에는 공격적으로 느껴질 만큼 심한 인종차별 관점이 녹아 있었으므로, 내가 '유색인'이라고 불려도 그리 놀랄 일은 아니었다. 특히 럭비 경기장 같은 곳은 더했다. 그렇다고 불쾌하거나 상처받았던 기억은 별로 없고 그저 더 열심히, 잘 운동했을 뿐이다.

내게 모욕은 그들 모두가 잘못되었다는 것을 증명하고 싶은 자극제 같은 역할을 했고, 나는 그렇게 반응하는 나 자신이 다른 때보다 훨씬 만족스러웠다.

엡솜의 면학 분위기는 상당히 치열한 편이었지만 학교생활은 나와 잘 맞았다. 일정한 시간표가 있으니 생활이 안정되었고 하루 중, 또는 일주일 중 특정 시간을 기다릴 수 있었다. 아침 식사 시간이 가장 즐거웠다. 무시무시할 정도로 끝없이 쌓여 있는 소시지를 빵에 끼워 먹고 시리얼을 몇 그릇이나 들이켰다. 아침을 먹고 나서 들어야 할 아침 수업은 별로 좋아하지 않았지만 점심을 먹고 나면 매일 즐겁게 운동을 했다. 수요일은 예외로, 각자 선택에 따라 사관 교육을 받았다. 육군 담당자는 너무 진지해 보여서 해군을 선택했다. 해군은 온갖 장난을 치며 재미있게 시간을 보낼 수 있는 곳이었다.

어느 수요일, 친구들과 함께 해군 용품 보관고를 습격했고 나는 공로 배지를 종류별로 하나씩 슬쩍해서 생도 운동복 소매에 달았다. 그날 오후 해군 소장인가 뭔가 하는 고위 해군 관계자 앞에서 대규모 연례 사열식을 했는데, 그 장교는 내 배지를 보고 당연히 놀랐다. 이런저런 상을 어떻게 받았냐고 온갖 질문을 했지만, 아무것도 모르는 나는 그냥 허세를 부릴 수밖에 없었다. 그는 곧 질문하기를 포기했다.

수요일 오후 외에 주말도 즐거웠다. 토요일 아침 수업이 끝나면 항상 그 지역 다른 학교와 운동 시합을 했다. 나는 고학년이 되면서 럭비와 하키, 크리켓 대표선수로 뛰었다.

일요일에는 기숙생 전원이 학교 예배당에 가야 했지만, 나는 천주교도라서 아버지가 나를 영국 성당에 보내고 싶어 하지 않는다고 말했다. 학교에서는 다른 미사에 가도록 허락했지만 나는 자연스럽게 예배에 참석하지 않았다. 그래서 일요일 아침마다 자유시간을 만끽했다.

주말에는 위인전이나 자서전을 산더미처럼 쌓아놓고 읽었다. 어머니처럼 사람에게 관심이 많았다. 엡솜에서 읽은 책 중에는 인생관을 바꾼 책도 있다. 특히 내게 큰 영향을 준 훌륭한 책들은 알렉산더 대왕, 토머스 에디슨, 로버트 1세 전기와 안토니아 프라저가 쓴 《우리의 지도자 크롬웰Cromwell, Our Chief of Men》이었다.

알렉산더 대왕을 내 영웅으로 삼은 이유는 엄청난 야심가였기 때문이다. 그는 인종 집단끼리 결혼하게 해서 인종과 문화 장벽이 없는 세상을 만들려고 했다. 민주주의를 신봉했고, 무엇보다 마마보이였다! 엄청나게 많은 아이디어를 가지고 혁신을 이뤄낸 토머스 에디슨의 생애에도 마음을 빼앗겼다. 그의 철학과 평생 이룬 업적을 접하면서 혁신의 중요성을 깨달았고, 이후 사업 경영에도 영향을 받았다. 나는 끊임없이 묻는다. '우리에게 없는데 필요한 게 무엇일까?' '이걸 어떻게 하면 고객이 더 편해질까?' '직원들이 어떻게 해야 회사가 바뀔까?' 에디슨처럼 나도 현 상태를 그대로 받아들이지 않고 뭔가 새로운 것, 더 나은 방식을 찾고자 애쓴다. 로버트 1세에게는 끈기와 인내심을 배웠다. 그는 절대 포기하는 법이 없었고 나도 일과 삶에 그런 투지를 갖고 임한다. 기자들은 내가 원하는 것이면 비용에 아랑곳하지 않고 밀고 나가는 고집에 대해 신물이 날 만큼 다뤘다고 이야기한다. 마지막으로, 올리버 크롬웰의 공화주의 시각에서도 많은 영향을 받았다. 모든 사람이 기회를 얻을 수 있어야 하고, 정부 시스템에 따라 특정 집단에게만 기회를 주는 것은 공정하지 않다고 생각한다.

이처럼 10대 시절에 위인들의 삶을 공부하고 이해하면서 강렬한 인상을 받았다. 내가 회사를 경영하면서 지키는 주요 원칙도 일부는 이런 책들에서 비롯되었다. 나는 실력 위주로 다문화 인력을 채용해야 한다고 생각한다. 끈기라는 가치를 높이 평가하고, 끈기를 지닌 주변 사람들을 존경한다. 항상 회사에서 혁신을 추구하며, 문제를 해결할 새로운 방식을 찾아내자고 동료들을 격려한다.

위인들을 접하고 전기를 읽으면서 역사에 심취했다. 등교 첫날에 역사 선생님이 내게 소리를 지르긴 했지만, 역사는 아직도 내가 제일 좋아하는 분야다. 연설할 때면 항상 역사에서 주제를 찾고 예시를 가져온다. 그때 책에서 얻은 교훈은 아직도 잊지 않고 있다.

음악도 여전히 좋아했는데, 친구에게 빌리거나 집에서 보내준 카세트테이프로만 들을 수 있었다. 순수한 호기심에서 음악 관련 자료를 모조리 찾아봤다. 아바가 〈페르난도Fernando〉를 발표했을 때 친구들은 '드럼 소리가 들리니, 페르난데스?'라고 바꾼 가사를 우스워했다. 나도 꽤 우습다고 생각했고 아버지에게 〈어라이벌〉 카세트테이프를 보내 달라고 했다. 결국 30년 뒤에 그 테이프를 간식 상자에서 발견했다.

음악에 관심이 높았던 덕분에, 어떤 사람에게는 부족한 창의력이 내

겐 강점이었다. 항상 새로운 음악을 추구하는 성향이 나중에 워너에서 근무할 때 도움이 됐다. 수업이 딱히 즐겁지는 않았지만 학업에 많이 뒤떨어지진 않았다. 다만 나를 자유롭게 표현할 수 있는 음악실이나 운동장이 훨씬 편했을 뿐이다. 기회만 있으면 피아노를 연주했지만 개인 지도를 받고 싶진 않았다. 그 나이에도, 스스로 했을 때 가장 잘 터득할 수 있다고 생각했기 때문이다. 이해가 빠른 편이었지만 뭔가 설명을 듣거나 가르침을 받을 때 그 결과를 즉시 눈으로 보고 싶어 했고 특히 직접 해볼 때 더 빨리 배웠다. 학교에서 배운 과목은 대부분 지루했다. 거의 모든 수업이 일방적인 교습방식이었고 나로선 이해할 수 없었다. 역사와 음악을 제외한 다른 수업에는 관심이 없었다. 특히 의대에 진학하려면 필수 과목인 과학은 전혀 관심 밖이었다.

엡솜에서 성장하는 동안 내 관심사는 운동이나 비행기 아니면 자동차였다(막 6학년이 된 여학생일 때도 있었다). 마이크 홉스라는 젊은 생물학 선생님에게 미니 쿠퍼가 있었는데, 어느 날 밤 우리는 그 차를 15인제 럭비 경기장 한가운데로 옮겼다. 왜 그런 짓을 했는지는 기억나지 않는다. 선생님 때문에 화가 잔뜩 났거나 그냥 짓궂은 장난을 치고 싶었는지도 모른다. 다음날 홉스 선생님 수업시간에 우리는 계속 키득거렸다. 결국 화가 난 선생님이 뭐가 그리 우습냐고 물었고 우리는 차를 보여주려고 선생님과 럭비 경기장에 갔다. 그런데 차가 없어진 것을 발견한 우리는 웃다가 순식간에 혼란에 빠졌다. 자초지종을 설명했지만 차가 없어졌으니 할 말이 없었고, 결국 방과 후에 반 전체가 남아서 벌을 받았다.

다음날 홉스 선생님은 미니 쿠퍼를 타고 학교에 와서 싱글벙글 휘파람을 불며 주차를 하고 나왔다. 그 일이 있고 한참 후에야 선생님이 내게 고백했다. 그날 밤 우리가 웃으며 수상쩍게 소곤대는 소리를 듣고 무슨 짓을 하는지 미행했다고. 우리가 잠자리에 든 다음 선생님은 차를 학교 밖으로 몰고 가서, 차가 없어진 것처럼 보이게 하려고 근처 길가에 주차했다. 우리가 거꾸로 한 방 맞은 셈이었다.

장난만 친 것은 아니고, 시간이 날 때마다 자주 히스로 공항에 드나들었다. 학교에 처음 오던 날 탔던 727번 버스를 찰리 헌트와 함께 타고 비행기를 관찰하러 갔다. 우리는 퀸즈 빌딩 전망대에서 착륙하는 비행기를 지켜봤다. 비행기에 대한 관심은 점점 각별해졌고 나와 비슷한 찰리 같은 아이와 함께할 수 있어 즐거웠다.

오-레벨[3] 시험을 치르기 전까지 학교생활은 순조로웠다. 1월 초 새 학기가 시작될 무렵 아버지가 전화하셨다. 드문 일은 아니었다. 어머니가 다시 힘든 시기에 접어들면서 우리는 전보다 자주 통화했는데, 아버지 목소리가 예전과는 달리 착 가라앉아 있었다.

"네 엄마가 아주 아프다. 상태가 많이 심각해. 이번에는 잘못될지도 몰라."

나는 그때도 그리 심각하게 받아들이지 않았다. 전에도 어머니가 매우 아픈 시기를 몇 번 겪었기 때문이다. 어머니는 천성이 강인한 분이

---

3) O-Level: 과거 잉글랜드와 웨일스에서 14~16세 학생들이 치르던 과목별 평가 시험으로 1988년 GCSE로 대체되었다

었다. 기분이 좋을 때는 주변으로 에너지를 발산했고, 나는 그때를 떠올렸다. 사업 감각이 뛰어나 타파웨어에서 커다란 성공을 거뒀고, 값비싼 영국 공립학교에 나를 보내 교육하고 가족들이 안락한 삶을 살도록 재정적으로 뒷받침한 분이 아닌가. 하지만 어머니 신장에 심각한 문제가 있어서 심장까지 나빠진 모양이었다.

나는 매일 전화해서 어머니 상태를 확인했고, 갈수록 나아진다는 얘길 들었다. 그러던 어느 날, 평소처럼 지루한 지리학 수업을 듣고 있는데 교직원이 교실에 들어와서 나에게 따라오라고 했다.

수업을 듣다가 불려 나가는 건 흔치 않은 일이어서, 교무실에 따라가 수화기를 들기까지 한 걸음 한 걸음이 너무 두려웠다. 수화기를 들자 아버지가 울고 있었다.

"엄마가 돌아가셨다."

그 한마디에 온 세상이 무너져 내렸다. 어머니는 겨우 48세였고 나는 15세였다. 그 나이 아이는 부모님이 죽지 않는다고 생각한다.

아버지는 원래 감정을 표현하지 않는 분이었지만 수화기 너머로 울음을 멈추지 못하셨고, 우리는 너무 멀리 떨어져 있어 서로에게 아무것도 해줄 수 없었다. 나는 집으로 가야 할지 여쭤봤다. 아버지가 조용히 대답했다. "아니, 오 레벨 시험에 집중해라."

나는 어머니가 돌아가시기 며칠 전에도 통화했다. 어머니는 내 성적과 다가올 모의시험을 걱정하셨고, 우린 어머니의 병 얘기는 꺼내지 않았다. 사실 쿠알라룸푸르에서 마지막으로 어머니를 만나고 좋지 않게 헤어졌다. 내가 부모님께 에이 레벨[4] 과목으로 물리학, 화학, 생물학 대신 생물학, 경제학, 역사학을 선택하겠다고 하는 바람에 언쟁했던 탓이다. 3차 세계대전이 벌어졌다. 어머니가 그렇게 화내는 모습은 처음이었다. 내가 쿠알라룸푸르를 떠날 때도 어머니는 화가 풀리지 않아서 나를 차에 밀어 넣은 다음 안아주거나 다른 애정표현도 없이 "잘 가라"는 말만 하셨다. 결국 부모님 말씀을 따라 억지로 과학을 선택했지만, 나는 과학을 선택하면 낙제할 거라고 못을 박았다. 그러니 마지막이 행복한 기억은 아니었고 전화로도 작별인사를 하지 못했다. 그렇게 좋지 않게 헤어졌던 기억은 아직도 슬픔으로 남아 있다.

수천 킬로미터 떨어진 곳에서 어머니가 땅에 묻히는데 학교에 있고 싶지 않았다. 나는 가방을 싸서 에식스주 브레인트리에 사는 존 이모부를 찾아가서 일주일간 머물렀다. 학교 친구들을 떠나 혼자 있고 싶었고 이모부는 정말 잘해주셨다. 엄격하고 보수적이며 말대꾸를 용납하지 않는 전형적인 영국인이었지만 내가 있는 동안 우리는 가깝게 지냈다. 그 집에는 무선 통신 장비가 가득한 큰 방이 있는데, 비행기 조종사가 사용하는 주파수에 맞춰 항공 교통 관제소에서 하는 얘기를 듣기도 했다. 이모부 역시 비행기를 관찰하기 좋아해서 일주일 동안 공항에 몇 번 갔던 기억이 있다. 에식스에서 이모부와 시간을 보내면서 슬픔을 치유하는 데 많은 도움을 받았다. 일주일이 지나자 이모부는 학교로 돌

---

4) A-Level: 영국 대입 준비생들이 18세 전후에 치르는 과목별 평가 시험

아가는 게 좋겠다고 나를 타일렀고 어쩔 수 없이 엡솜으로 가는 기차를 탔다. 돌아가자 학교 사람들은 모두 내게 잘해줬고 친구들도 모여서 나를 위로해주려고 애썼다.

힘든 학기를 겨우 보내고 여름 방학이 되어 말레이시아에 갔다. 집안에 감도는 침묵을 견디기 힘들었다. 어머니가 없으니 찾아오는 사람도 없고 피아노도 조용했고, 기상천외한 계획을 세울 일도 없었다. 집에 와서 처음 며칠 동안은 어머니가 돌아와서 집에 활기를 불어넣고 시끌벅적하게 만들어 줄 것만 같았지만, 곧 어머니는 오지 않는다는 걸 깨달았다. 그래서 어머니의 빈자리를 채울 수 있다면 뭐든 하기로 마음먹었다. 분위기를 띄우려고 친구들을 집으로 초대하고, 피아노를 연주하고, 음반을 틀었다. 내가 엡솜으로 떠날 때 여동생은 겨우 두 살이었고, 방학에 집에 왔을 때도 여전히 어렸지만 그제야 제대로 친해지기 시작했다.

방학이 끝나고 학교로 돌아갔을 때, 다재다능한 운동선수였던 나는 곧 대스타로 발돋움했다. 오 레벨 시험을 치르는 해 전까지 운동이라면 골고루 잘했다. 하키와 럭비는 A팀에서 뛰었고 크리켓도 실력도 좋았다. 그러다 어머니가 돌아가신 후에는 슬퍼할 기운을 모조리 하키에 쏟아 부었고 그렇게 운동에만 신경 썼다. 나는 하키 16세 이하 팀에서 승격해 대표선수 11인에 선발되었다. 팀 성적이 좋지 않은 와중에, 처음 출전한 경기에서 골문이 비는 순간을 맞았다. 공을 쳐서 넣기만 하면 됐지만 팔을 되는대로 휘둘러서 완전히 빗맞혔다. 땅이 꺼져버렸으면 싫었다. 하지만 시즌 결승전에서 멋지게 골을 넣고 좋은 경기를 펼쳐서 만회했다. 시즌 초반에 저지른 범죄는 잊혔다.

졸업을 앞둔 해에 하키팀 주장을 하면서 다리가 부러졌다. 처음 경험한 진짜 부상이었다. 럭비와 하키를 하면서 수없이 상처를 입고 멍도 들었지만 이렇게 심각하게 다친 건 처음이었다. 게다가 연습 경기였다. 그 시합에서 나는 다섯 골을 넣었다. 덩치 큰 상대편 골키퍼는 종횡무진 활약하는 내게 잔뜩 약이 올라 있었다. 또다시 골을 넣으려고 골키퍼와 일대일로 맞붙은 순간, 내가 가까이 다가가자 골키퍼가 내 다리를 걸었다. 내 다리가 열두 조각으로 으스러지는 소리가 모두에게 들렸다. 나는 원기 왕성한 운동선수에서 목발을 짚고 절름거리는 부상자 신세로 전락했고 큰 충격을 받았다. 좌절한 에너지를 공부로 돌릴 수도 있었겠지만 그러지는 않았다.

6학년이 되자 그 질색하는 과학 공부를 해야 했다. 부모님은 내가 과학을 공부하면서 자연스럽게 의학의 길로 나아가리라고 생각하셨다. 몇 번이나 가지 않겠다고 거부했던 길이었다. 공부할 과목이 바뀌기도 했고 6학년 생활은 저학년 때와는 달랐다. 우리와 나이가 비슷한 선생님도 있었고, 학생과 교사의 관계도 거의 동등한 수준으로 바뀌었다. 책임도 주어졌다. 학생회장 자리는 데즈 마호니에게 빼앗겼지만 나는 홀만 기숙사장이 되었다. 기숙사장은 할 일이 많았다. 후배들이 잠자리에 드는 것을 확인하고 매일 저녁 사감 선생님에게 보고했다. 운동경기팀과 토론팀을 조직하고 럭비와 크리켓, 하키 선수들을 선발했다. 나는 그 무렵 다른 기숙사장과 비교했을 때, 권위적인 방식을 취하지 않고 어린 학생들을 격려하고 자신감을 심어주려던 면에서 좀 달랐던 듯싶다. 신입생으로 들어와서 낯선 환경에서 불안했던 기억이 남아 있어서 어린 학생들에게 겁을 주기보다는 도와주고 싶었다.

청소년이 할 법한 흔한 비행은 비껴갔다. 어두워지고 나서 술집에 갈 기회는 얼마든지 있었고 실제로 몇 번 가기도 했지만, 심하게 마시지는 않았다. 집에서 직접 맥주를 양조하는 선생님도 있었고(당시에는 규제가 심하지 않았다) 고학년인 6학년은 선생님과 함께 맥주를 마시기도 했다. 하지만 나는 몇 년 뒤 학교를 졸업할 때까지 술이나 파티에 심취하지 않았다. 이유는 두 가지였다. 첫째, 아주 건전한 생활을 하는 운동선수로서 경기 성과에 영향을 주는 짓은 하고 싶지 않았다. 두 번째, 기숙사장이 되고 싶었다. 담배를 피우고 술집에 드나들거나 마약을 하면 그럴 기회가 없었을 것이다. 그리 학구적인 모범생은 아니었지만, 품행은 단정했던 셈이다.

에이 레벨 시험 세 과목 중 두 과목에서 낙제하면서 끝내 부모님과 했던 약속을 지켰다. 진정한 십대답게 화학과 물리학 시험지 맨 위에 이름을 적어놓고 반항의 의미로 곧 잠들었다.

내가 말레이시아에 있을 때 시험결과가 나오자 아버지는 대단히 실망하셨다. 아들이 생물학에서 D를, 화학에서 O(오 레벨 시험 표준 등급을 받았다)를, 물리학에서 F를 받으리라고는 생각지도 못했던 아버지는 다시 공부하라며 나를 엡솜으로 보냈다. 마지막 학년을 또 다니면서 적어도 하키를 다시 할 수는 있었고 약간 오른 성적으로 졸업했다(생물학 A, 화학과 물리학 F). 엄청난 수업료에 걸맞은 성적은 아니었다.

어머니의 갑작스러운 죽음에 나는 큰 충격을 받았고, 얼마나 감사하고 사랑하는지 말할 수 있었는데도 끝내 제대로 된 작별인사를 못했던 게 몹시 괴로웠다. 그렇다고 해도 의사가 될 마음은 없었고, 또 한 번 시험을 치르면서도 부모님의 소망을 이루려는 노력은 전혀 하지 않았다.

그렇게 한 과목만 통과하고, 운동 경기에서는 수없이 승리를 거두고, 기숙사장으로 표창을 받았으며 사람들에게서 최선을 끌어내는 법을 이해하고 학교를 졸업했다. 나는 기숙학교의 동지애가 좋았다. 영국 공립학교에 선입관을 가진 사람도 있겠지만 그런 면에서 엡솜은 전형적인 학교가 아니었다. 엘리트주의에 빠졌다는 인상은 없었고 학교 내에서 계층 장벽을 느낀 적도 없었다. 교직원과 학생은 견실했고 서로 가족처럼 지내면서 함께 어울리는 법을 배웠다.

학업성적은 부모님이 자랑할 데가 전혀 없었겠지만, 나는 엡솜에서 소속감과 우정, 단체정신을 배웠고 평생 사업을 하면서 이런 가치를 추구했다.

3. 방황하던 시절

배경음악 조니 미첼Joni Mitchell,
〈에디스 앤 더 킹핀Edith and the Kingpin〉

엡솜을 졸업할 때 나는 열아홉 살이었다. 확실한 건 의사가 되기 싫다는 것뿐이었다. 하기 싫은 일과 정말 간절하게 하고 싶은 일이 뭔지 깨닫는 건 차원이 다른 문제고 후자가 훨씬 어렵다. 아무런 장래 계획 없이 요즘 십대들처럼 많은 경험을 했다. 실컷 여행을 다녔다. 나는 이 시기를 '방황하던 시절'이라고 부른다. 자신과 인생에 대해 많은 깨달음을 얻었지만 경력을 쌓거나 세상에 이름을 알리지는 못했기 때문이다.

학교 친구 미지 피니건과 나는 미국을 목적지로 삼았다. 1980년대 미국은 아주 흥미진진했고, 그때까지 비교적 직장을 구하기 쉬운 기회의 땅 같았다. 항공료 정도는 충분히 마련했지만, 최대한 여러 지역을 둘러보면서 주 정부를 오가며 여행하려면 일을 해야 했다. 어느 순간 나는 학교에서 지나치게 모범생 노릇을 했다는 사실을 깨달았다. 열일곱 살 때라면 용납하지 않았을 여흥을 만끽하기 시작했으니까.

트랜스 아메리카 항공에서 뉴욕행 표를 끊었는데, 그 항공사는 우리가 비행기를 타기 직전에 파산했다. 결국 델타 항공을 탔고 기내에서 내내 승무원들에게 수작을 걸면서 앞으로 경험할 수많은 파티의 첫 테이프를 끊었다. 승무원들이 보스턴 근처 피바디라는 곳에 초대한 걸 보면 우리가 좋은 인상을 남겼음이 틀림없다. 우리는 뉴욕에 도착해서 퀸스 카운티 자메이카에 있는 존슨 호텔에 짐을 풀고 일자리를 찾으러 갔다. 뉴욕에서 한 달쯤 일하고 보스턴으로 가기로 했다.

지도를 보니 보스턴이 그리 멀지 않을 듯해서, 영국 기준으로는 벤틀리 크기 정도인 '소형 승용차'를 빌려서 떠났다. 그리고 여덟 시간 후에 도착했다. 우리는 미국에 머무르면서 모든 것의 규모를 계속 과소평가했다.

뉴욕에서는 술집에서 일했다. 몇 주 지내는 동안 집세를 낼 돈을 벌고 밖에 나가서 도시를 둘러볼 시간이 있는 일자리라면 뭐든 상관없었다. 일은 아주 즐거웠다. 보스턴에서는 일자리 상황이 더 좋았다. 어쩌다 보니 보스턴 레드삭스의 홈구장 펜웨이 파크에서 오르간 연주자로 세 번째 교대를 담당하게 되었다. 야구경기를 관람할 때는 미국인을 그대로 따라 했다. 엄청나게 먹고 맥주를 마셔댔다.

아무 계획도 없었지만 보스턴에서 파티가 조금 지겨워졌을 때, 노스캐롤라이나주 개스토니아에 있는 삼촌을 만나러 환급 가능한 그레이하운드 버스표를 사서 남쪽으로 향했다.

노스캐롤라이나주는 진짜 미국에 대한 교육을 받기 시작한 곳이다. 나는 미국 사회가 얼마나 인종차별이 심한지 깨달았다. 미지와 내가 일자리를 얻으려고 여기저기 묻고 다니자 흑인들이 내게 물었다. "왜 이 백인과 여행을 하고 있어요?"

그리고 만나는 백인마다 미지에게 질문했다. "왜 인도인이랑 여행해요?"

우리는 마빈 게이 공연을 보러 노스캐롤라이나주 샬럿에 갔는데, 공연장에 백인은 미지뿐이었다. 이때 진짜 차별이 무엇인지 느꼈고 최대한 모든 문화와 인종, 신앙을 아우르는 일이 얼마나 중요한지 깨달았다.

노스캐롤라이나를 떠나 그레이하운드 승차권을 끊어 남쪽으로 내려가서 올란도에 도착했다. 그레이하운드 버스를 그리 자주 타지 않았던 우리는 마지막으로 버스를 탈 때는 멀리 서쪽으로 가봐야겠다는 생각이 들었다. 지도를 살핀 다음 샌프란시스코에 가기로 했다. 순진한 우리 눈에는 이번에도 그다지 멀어 보이지 않았다. 사흘하고도 반나절이 지나 기진맥진해서 버스에서 내리자 캘리포니아의 따스한 햇볕이 우리를 맞이했다. 그렇게 샌프란시스코에서 로스앤젤레스로 내려갔다가 라스베이거스에서 영국으로 돌아가기로 했다. 이 극단적으로 흥미진진한 여행에서 라스베이거스는 눈이 휘둥그레지는 마지막 여정이었다. 라스베이거스는 내 마음에 쏙 들었다. 모든 것이 저렴하고, 밝고, 다채롭고 개방적이었다. 지금까지 경험한 그 무엇과도 달랐다.

나는 런던으로 돌아갔고 미지는 호주로 여행을 떠났다. 즐거운 추억을 안고 미국을 떠났지만 그 사회에서 느꼈던 차별로 인해 놀라고 심란했다. 마빈 게이 공연에서 겪은 일은 오랫동안 뇌리에서 떠나지 않았고, 그때를 계기로 사람들이 어떻게 함께 살아가고 일해야 하는지 철학이 생겼다. 내면을 중시하는 삶의 자세 그리고 차별을 목격하고 깨달음을 얻어 영국에 돌아왔다. 내 상상보다 세상은 훨씬 커 보였고, 영국은 아주 작고 부정적인 가치관을 지닌 나라 같았다. 미국은 차별이 존재하지만 성공의 가치를 높이 샀다. 사람들은 성공을 과시하고 자기 성취를 자랑스럽게 생각했다. 당시 영국인은 성공을 부끄러워하다시피 했고 나는 그 점이 혼란스러웠다. 왜 자기를 스스로 낮추는지 이해되지 않았다. 나는 항상 긍정적으로 살았다. 가치관이 긍정적이면 어느 분야든 성공할 수 있다고 생각한다.

영국 생활은 즐거웠지만, 얼마 지나지 않아 아버지가 갑자기 내 방탕한 생활을 중단시키고 말레이시아로 소환했다. 집으로 가는 항공권을 받아들고 히스로 공항 3번 터미널에 앉아 비행기를 기다리는데 스피커에서 "항공편이 지연됐다"는 끔찍한 방송이 흘러나왔다. 공항 내 바에 갔다가 눈길을 돌려 아는 크리켓 선수를 발견했다. 특유의 콧수염을 기른 호주 투수 맥스 워커가 바에 앉았고 자리에는 빈 잔 몇 개가 놓여 있었다. 그때는 맥스가 호주에서 위대했던 선수 생활을 마무리하는 시기였다. 그는 첫 공격 투수 제프 톰슨과 데니스 릴의 백업 투수였고 빼앗은 위킷 수도 많았다.[5] 유명인을 보고 얼어붙었지만 그래도 가서 내 소개를 했다. 우리는 술을 한잔 두잔 들이키다가 계속 함께 마셨다. 항공권을 시드니행으로 바꿔야겠다는 생각이 든 걸 보면, 맥스가 집에 가지 말라고 말했나 보다.

---

5) 투수(Bowler)가 타자(batman)를 아웃시키는 것을 말한다

그러다 빌리 조엘이 우리 옆에 앉으면서 더 비현실적인 상황이 벌어졌다. 우리는 몇 시간이나 바에 머물렀고, 이 작은 파티가 끝날 무렵 나는 표를 바꿨다. 집에 가지 않고 맥스 워커와 함께 시드니로 날아가서 미지를 만나러 갔다. 과장 없이 있는 그대로 말하면, 아버지는 그리 좋아하지 않으셨다.

여행하면서 또 다른 세상에 눈을 떴다. 나는 항상 호주인은 편견 없고 긍정적이리라 생각했지만 그들 대부분이 호주 원주민을 함부로 대하는 모습을 보고 충격을 받았다. 퀸즐랜드 사람들은 원주민을 총으로 쏴버려야 한다고 말했다. 그런 차별, '그들 vs 우리'라는 자세가 당혹스러웠고 미국에서 받았던 인상이 더 강해졌다. 몇 달 동안 농장에서 일하면서 앞으로 살아가면서 무엇을 하고 싶은지 결정할 때가 왔다는 걸 깨달았다.

런던으로 돌아왔을 때는 스무 살이었다. 그동안 시간이 흐르면서 많은 것을 배웠지만, 진탕 놀아대는 능력을 새로 발견했을 뿐 아무것도 이루지 못했다. 이 생각으로 괴로워하다가 메이페어에 있는 캐번디시 호텔에 웨이터로 취직했다. 호텔 설립자 로사 루이스의 생애를 그린 〈듀크 가의 공작부인〉이라는 TV 드라마로 유명해진 곳이었다. 일은 힘들었다. 새벽 5시에 일어나서 지배인의 날카로운 감시 아래 레스토랑 영업을 준비하고, 음식을 서빙하고, 까다로운 고객을 상대하면서 밤 10시까지 일했다.

서비스 산업에는 인정사정이 없다. 사람들은 직원이 얼마나 오랜 시간 일하는지, 얼마나 몸이 피곤한지 알지 못한다. 세계 각지에서 와서 적은 돈을 받고 정말 힘들게 일하는 주방 직원, 배달부, 동료 웨이터들에게 금세 존경심이 생겼다. 미국이나 호주 같은 차별 심한 사회와는 전혀 달랐다. 여기서는 인종이나 피부색과 관계없이 모든 이가 함께 일했고, 그렇게 힘든 환경에서도 서로 도우며 일하는 모습을 지켜보면서 나는 겸허해졌다.

나는 분명 옷을 아주 잘 입는 사람은 아니다. 티셔츠에 운동복 바지 한 벌만 있으면 끝이었다. 캐번디시 호텔에서는 검은색 정장 바지에 흰색 셔츠를 입고 넥타이를 맸다. 일을 시작한 지 얼마 지나지 않았을 때, 아침에 면도하다 셔츠 깃에 피를 묻히고 그대로 출근하여 외모에 별로 신경 쓰지 않는다는 사실을 공공연히 드러냈다. 지배인이 발견하기 전에 동료가 나를 불러 세우고 깨끗한 셔츠를 줬다. 다음날 면도할 때는 좀 더 조심했지만 어제 일하면서 구겨진 셔츠를 그대로 입고 온 바람에 다시 집에 가서 다려 와야 했다. 나는 많은 배려를 받았지만 동료들의 인내심을 시험한 적이 많았을 듯하다. 캐번디시 생활은 모두에게 힘겨웠다. 등골이 휠 정도로 힘든 시간이 느리게만 갔고, 보수는 충격적인 수준이었으며 근로환경은 무자비했다. 하지만 그 동지애는 절대 잊지 못할 듯하다.

돈이 많든 적든, 피부가 무슨 색이든, 무슨 종교를 가졌든 상관없이 모든 이를 포용하는 일이 얼마나 중요한지 깨달았다. 나는 상대가 누구든 즐겁게 대화하고 동등하게 대할 수 있다. 그게 큰 강점이라고 생각한다.

캐번디시에서 공정함뿐만 아니라 제대로 교육을 받지 못하면 어떤 미래가 오는지도 배웠다. 그래서 에이 레벨 시험을 다시 치르기로 하고 이번에는 정말 공부하고 싶은 역사와 경제 과목을 선택했다. 버밍엄에 사는 이모 집에서 저렴한 학원에 다니며 시험 준비를 하기로 했다. 처음에 이모는 나를 반가워했지만, 여전히 파티를 끊지 못한 내가 십대 조카들에게 나쁜 영향을 줄까 봐 두어 달 후에 나를 쫓아냈다. 말썽꾸러기여 영원하라!

이 무렵 삶이 무엇인지 제대로 이해하기 시작했다. 모즐리에 있는 스쿨로드에 단칸방을 얻고 처음으로 혼자 알아서 생활해야 했다. 낯선 느낌이었다. 노는 것을 그만두지는 않았지만, 현상을 유지하려면 얼마나 큰 노력이 필요한지 감사하는 마음이 들었다. 끼니를 챙겨 먹고, 깨끗하게 청소하며, 돈을 아껴 쓰는 등 자립해서 생활할 때만 배울 수 있는 일이 있다. 나는 아버지가 왜 검소하게 생활하는지 이해되었다.

이번에는 좋은 성적을 받아서 런던에 있는 대학 회계학부에 입학할 수 있었다. 드디어 학업에서 뭔가 성취를 이뤘다며 아버지는 자랑스러워하셨다. 대단한 성과는 아니었지만 올바른 방향으로 내딛는 첫걸음이었다. 하지만 세상은 아버지 뜻대로 돌아가지 않았다. 런던 마이다베일에는 워링턴 크레센트와 랜돌프 애비뉴가 만나는 모퉁이에 술집이 하나 있었다. 술집 앞에는 잔디가 깔린 원형 교차로가 아스팔트 바다 한가운데 초록색 섬처럼 자리하고 있었다. 대학을 생각하면 그 교차로가 바로 떠오른다. 그 술집에서 엄청난 시간을 보낸 덕분에 당시 기억이 흐릿하다. 기말고사 기간 빼고는 학교에 얼굴을 비춘 적이 별로 없었다.

술집 탐방 외에, 복잡한 복식 부기보다는 다양한 동아리에 참가하면서 세상을 배웠다. 신입생 환영주간에 대강당에서 여러 모임과 동아리를 둘러보다가 말레이시아-싱가포르 동아리 테이블 앞에서 발길을 멈췄다.

한 남자가 나를 올려다보며 말했다.

"안녕하세요. 말레이시아인이에요? 꼭 가입해요. 고향을 잊지 않게 여러 가지 행사를 하거든요."

나는 약간 당황한 표정으로 그를 쳐다봤다. "그런 게 왜 필요해요? 말레이시아랑 싱가포르가 어떤 곳인지는 알고 다른 데 더 관심이 많은데……." 그리고 그 자리를 떠났다. 상대방은 좀 화가 났던 모양이지만 같은 나라에서 온 사람들 모임은 내게 전혀 의미가 없었다. 그 대신 브라질 동아리에 가입해서 가보지 못한 세계, 축구가 종교나 마찬가지인 나라를 접하면서 더 즐겁게 지냈다.

마이다 베일에 살면서 많은 친구와 어울렸다. 엡솜 동창, 런던에서 만난 친구, 친구의 친구도 있었고 학교 측은 내가 수업을 듣든 말든 별로 신경 쓰지 않는 듯했다. 그야말로 파티 타임이었다. 파티에서 마실 와인이나 맥주를 사러 칼레에 가거나, 밴드 공연을 보러 파리에도 갔다. 프랑스에서 야외 공연을 보다가 경찰이 왔던 기억이 난다. 관중들이 보조 밴드로 나온 플록오브 시걸A Flock of Segulls에게 진흙을 던졌기 때문이다. 나는 그 밴드가 상당히 괜찮다고 생각했지만, 프랑스인은 인내심이 없었다.

가끔 크리켓의 고향 로드 크리켓 구장에서 시간을 보내기도 했다. 경기를 관람하기도 했지만 그곳 술집이 종일 영업을 했다는 이유가 더 컸다.

친한 학교 친구 믹 맥브라이드가 노팅힐 래드브로크 가든에 있는 자기 형 소유 아파트에 살았다. 1984년에서 1985년에는 그 아파트에서 엄청나게 오랜 시간을 보낸 듯하다. 믹은 아직도 그때 방명록을 갖고 있는데 군데군데 내 이름이 휘갈겨져 있다. 그 아파트에서 거의 살다시피 했다. 믹과 나는 동네 파티에 가거나 그냥 모노폴리를 하며 놀았다. 내 말은 당연히 경주용 자동차였고 한 시간에 두 번이나 믹을 이기기도 했다. 그곳에서 밤늦게까지 앉아서 서로 사업 아이디어를 얘기하거나 음악을 들었다. 우리가 가장 좋아했던 앨범은 조니 미첼의 〈히싱 오브 서머 론The Hissing Of Summer Lawns〉이었고 수록곡 중에 〈에디스 앤 킹핀 Edith and the Kingpin〉은 얼마나 많이 들었는지 닳을 정도였다(그로부터 거의 20년 후 조니 미첼이 말레이시아에 방문했고, 나는 믹과 내가 그 곡을 많이 들었다고 했다. 조니는 친절하게도 믹을 위해 새 CD에 사인을 해주면서 행복한 추억을 다시 떠올릴 수 있었으면 좋겠다고 말했다).

그때 믹과 나는 래드브로크 가든에서 어울렸고, 나는 QPR 구장이 있는 로프터스 로드에서 엎어지면 코 닿을 거리인 억스브리지 로드로 이사했다. 믹은 로프터스 로드에 있는 바에서 맥주를 내리는 아르바이트를 했고 1985년 6월 내가 배리 맥기건과 전설적인 에우제비오 페드로자의 시합을 보러 갔던 밤에도 일하고 있었다. 한 편의 드라마 같은 경기였다. 맥기건은 15라운드 끝에 판정승을 거뒀다. 맥기건의 복싱 인생에서 가장 멋진 밤이었다. 그리고 30년 후 내 홈구장이 될 런던 로프터스 로드를 처음 접한 날이기도 하다.

런던의 멋진 점은 나가려고만 하면 매일 밤 파티가 있다는 거였다. 나는 매일 그 혜택을 누렸다. 우리는 나이츠브리지에 있는 러시아 레스토랑 보시크 앤 티어스에서 누구든 다음날까지 버티는 사람과 함께 마시다가 새벽 무렵 지하에 널브러지곤 했다.

이만하면 알 수 있듯이 대학 공부는 여전히 내 관심 밖이었지만 사업에는 관심이 있었다. 다른 학생들처럼 방세를 내면서 바가지라고 생각했고, 남들과는 달리 뭔가 대책을 세우기로 했다. 집을 구매하는 게 내 목표였다. 일정한 수입이 없으니 대출이 불가능해 보였지만, 그래도 금융 상담원들 수백 명(말 그대로 수백 명)에게 편지를 쓰고 전화를 돌렸다. 모두 나를 비웃거나 딱 잘라 거절했다. 나는 계속 전화번호부를 보면서 전화하거나 친구를 동원해 작업하고, 무작정 길거리를 돌아다니다가 사무실에 쳐들어가기도 했다. 상담원마다 대출이 불가능하니 포기해야 한다고 되풀이했지만 포기하지 않았다. 그래도 과연 내가 성공할 수 있을지 의심이 들기 시작하다가 스트리섬 하이 로드에서 운 좋게 아이리시 라이프Irish Life 중개인을 만났다. 스트리섬에, 그것도 80년대에 가보지 않았다면 거기서 내가 거래하는 게 얼마나 어려운 일인지 이해하기 힘들 것이다. 하지만 나는 해냈다. 내 눈빛과 엉뚱한 요구가 마음에 들었는지, 그 중개인과는 금방 죽이 맞았고 그는 내게 거래를 제안했다. 나는 아버지에게 받는 돈을 수입 증명으로 삼고 싶다고 했다. 중개인은 무슨 수를 썼는지 계약을 성사시켰다. 나는 2만 6천 파운드를 대출받아서 머스웰 힐에 있는 콜니 헤치 레인에 집을 샀다. 사업상 제대로 된 첫 계약인 셈이다.

그 계약을 하는 데는 주거래 은행이 틀렸다고 증명하고 싶었던 내 의지와 쇼맨십도 한몫했다. 나는 엡솜에 다닐 때부터 내셔널 웨스트민스터 은행과 거래를 했다. 크리켓 후원사라서 그 은행을 골랐을 뿐이다(이런 브랜드 전략은 에어아시아에서도 효과를 얻었다).

대출을 받으려고 처음에는 내셔널 웨스트민스터 은행에 문을 두드렸지만 담당자는 나를 비웃기만 했다. 그 사람을 비난할 생각은 없지만 화가 많이 났고, 이 은행이 나랑 거래할 마음이 없다면 다른 데를 찾아보기로 했다. 쿠츠Coutts가 영국 일류 은행이라는 얘기를 듣고, 내가 얼마나 중요한 사람인지 보여주면서 설득하기 위해 대학교에서 가까운 쿠츠 지점을 찾아봤다. 기존에 가족 거래명세가 있거나 왕족이 아닌 이상 계좌를 개설하기는 거의 불가능하다는 얘기도 들었다. 어쨌든 여왕이 거래하는 은행이 아닌가.

내셔널 웨스트민스터 은행이 내 시험에 통과하지 못한 지 일주일 후, 쿠츠 플리트가 지점을 찾아갔다. 건물 밖에 배치된 수위를 보니(쿠츠 전통이다) 들어가려면 그 사람부터 설득해야 할 듯한 느낌을 받았다. 벽에

목판을 덧댄 사무실에 들어가서 짙은 회색 양복을 입고 엄해 보이는 인상에 전형적인 은행원 느낌을 주는 남자 앞에 앉았다. 나는 노팅힐에서 몇 년 지내는 동안 믹과 내가 생각해낸 사업 아이디어를 설명했다. 결국 계좌는 물론 더 중요한 수표책까지 개설해서 쿠츠를 나왔으니, 내가 다부진 인상을 남겼음이 틀림없다. 80년대에 쿠츠에서 발행한 수표책은 다른 은행보다 막강했고 사람들은 내 수표책을 보고 깜짝 놀랐다. 스트리섬에서 수표책을 보여주자 중개인의 표정이 변했다. '이 녀석, 물건인데?' 하는 표정이었다. 그렇게 스무 살에 내 집을 마련했다. 나는 그때 이후로 꾸준히 자산을 사고팔고 있다.

3년이라는 시간이 흐르는 동안 어느 시점엔가 학교로 돌아갔나 보다. 자리에 앉아 기말고사를 치고 겨우 통과한 기억이 있어서다. 아버지는 말레이시아에서 다시 불안하게 지내고 계셨다. 내 뒷바라지를 하려고 우리 남매가 자란 집을 팔았고, 드디어 내게 실망해서 최후통첩을 보내셨다.

"앤서니, 공부해서 회계사 자격증을 따든지 아니면 집에 와서 쿠알라룸푸르에 일자리를 구해. 계속 빈둥거리면 돈을 보내지 않을 거야."

그 말은 효과가 있었다. 나는 곧 메릴본 로드에 있는 런던 회계 학교 London School of Accountancy에 등록했다. 회계사가 되려면 많은 시험에 통과해야 하지만, 적어도 직업은 보장된다. 회계사 수요는 항상 있었으니까. 그 학교에서도 그리 진지하게 공부하지는 않았지만 어쩌다 보니 레벨2라는 시험에 합격했다. 직장을 구할 때 더 유리한 조건을 갖추려고 레벨3 시험에 응시하기로 마음먹고 에밀 울프 스쿨에 등록했다. 그곳에서는 처음이자 마지막으로 즐겁게 고등교육을 받았다. 내가 배운 지식과 기술을 현실에서 어떻게 쓰이는지 볼 수 있어서 그랬던 듯하다. 특히 재무관리 과목은 본능적으로 이해할 수 있었다.

하지만 레벨3 시험을 앞두고 불안해서 식은땀이 흘렀다. 시험에 떨어지면 영국 생활을 영원히 뒤로한 채 수치심을 안고 쿠알라룸푸르에 돌아가야 했다. 나는 런던대학교 연합도서관에 틀어박혀서 아침 9시부터 폐관할 때까지 공부했다. 석 달 후, 올더마스턴에 있는 이모 집에서 시험 결과지를 받았다. 나는 너무 긴장돼서 정원 구석에서 혼자 봉투를 열었다.

합격!

나는 기뻐서 어쩔 줄을 몰랐다. 회계사 자격을 취득한 것이다. 공부로 뭔가 이뤄내기는 처음이었다.

아버지도 소식을 듣고 아주 기뻐하셨다. 대학 학위를 마쳤을 때는 별로 감흥을 보이지 않으셨지만 이건 성취였기 때문이다. 이제는 사회에 나가서 일할 준비를 해야 했다.

작은 회사에 지원해서 몇 군데 합격했고 결국 브루어스라는 회계 사무소에 취직했다. 회사는 나를 반겼지만 나는 회사가 싫었다. 해본 일 중에 최악이었다. 회사에 들어서는 순간 눈앞에 기나긴 수감생활이 펼쳐지는 것 같았다. 내 직급은 하급 감사관이었고 주로 하는 일은 복사였다. 근무 시간 기록표를 채우는 일이 가장 곤욕이었다. 15분에 한 번씩 무슨 일을 했는지 설명해야 했다. 온종일 하는 일이 거의 없었으므로 뭘 쓸지 생각해내기가 고역이었다. 출근한 지 몇 주 만에 음악 산업 분야에서 회계직을 찾아보기로 했다. 음반 회사마다 자리가 있는지 문의했다가 모조리 거절당했다.

늘 그렇듯 포기하지 않았고, 결국 버진 텔레비전에서 재무 관리자를 모집한다는 신문 광고를 발견했다. 나는 최후의 기회라고 생각하고 지원했다. 면접에 오라는 편지를 받았을 때는 내 인생이 드디어 풀리나보다 싶었다.

1978년 말, 그 무렵에 결혼했고 세를 주는 집도 소유했으며 회계사 자격증도 있었다. 가족을 망신시키지는 않을 직업이었다. 이제 전처가 된 당시 아내와는 내가 파티하며 놀던 시절 만났고 우리는 곧 머스웰 힐에 정착했다. 전처의 사생활을 보호하는 차원에서 자세한 설명은 생략하겠다.

그러니 방황하던 시절이 나를 만들었다. 엠솜에서 인격이 형성됐지만 그때는 보호를 받으며 생활했다. 음식, 잠자리 그리고 돈 때문에 걱정할 필요가 없었다. 학교를 떠나 아무런 지원도 받지 않고 독립하면서 세상살이의 법칙이 무엇인지, 내가 어떤 삶을 살고 싶은지 깨달았다. 뭔가를 원하면 성공할 때까지 부단히 노력해야 한다는 걸 배웠다. 내가 기회란 기회는 샅샅이 찾아보고 중개인만 찾으면 모조리 편지를 쓴 끝에 아이리시 담당자를 만나지 않았더라면 대출을 받지도 못했을 것이다. 손에 닿지 않는 존재를 잡고 싶으면 연기를 해야 할 때도 있다. 아니, 쿠츠 계좌를 들이밀어야 할 때도 있다. 또 내가 직접 발로 뛰며 배우는 유형이라는 사실을 깨달았다. 현장감 없는 곳에서 지시만 받고 싶지는 않았다. 현실에 어떻게 적용하고 영향을 미치는지 직접 봐야만 제대로 이해했다. 또한 진심으로 관심을 가지고 상대의 말을 경청하며 대화하는 게 얼마나 중요한지 배웠다. 나는 지구 어디에 떨어져도 누굴 만나든 금방 이야기를 나눌 수 있다.

일하면서, 그리고 살아가면서 사람들과 잘 지내려면 상대를 편하게 해주고 공통점을 찾아야 한다. 상대의 문화를 알면 도움이 많이 될 텐데, 많은 기업이 자국 문화만 중시하고 편협한 관점을 고수하는 게 안타깝다. 이제 사업은 전 세계가 대상이다. 그동안 여행을 다니면서 쌓은 경험은 앞으로 닥칠 경영의 모험을 헤쳐 나가는 데 큰 도움이 되었다.

4. 내 삶과 음악

배경음악 아바Abba, 〈땡큐 포 더 뮤직Thank You For The Music〉

버진에서 한 면접은 아주 간단했다.

"당신이 왜 이 일에 적합하다고 생각합니까?"

얼마나 음악을 사랑하는지, 리처드 브랜슨의 경영 철학과 버진 그룹의 성공에 얼마나 감명을 받았는지 얘기했지만, 업무나 회사에 기여할 수 있다고 설득할 만한 경력은 없었다.

"페르난데스 씨, 그건 다 좋아요. 여기서 일할 자격이 있다고 볼만한 경력은 뭐가 있습니까?"

그런 게 없어서 문제였다. 나는 박살 난 채 면접장을 떠났다. 음악 산업에 가까워질 유일한 기회였는데 망쳐버렸다. 평생 브루어스에서 씨름하는 내 모습이 떠올랐다. 뭘 해야 할지 생각하며 로비에 서 있는데 리처드 브랜슨이 걸어왔다. 그야말로 버스가 떠날 듯 말 듯 하는 순간이었다. 지금 어떻게 처신하느냐에 따라 두 갈래 길 중 하나를 걷게 될 것이다. 멋쩍게 웃으며 지나칠 수도, 그의 주의를 끌 만한 말을 건넬 수도 있다. 그래서 나는 말을 걸었다. "안녕하세요, 리처드. 전 말레이시아에서 왔어요."

그 한마디는 리처드 브랜슨의 궁금증을 불러일으키기 충분했다.

"여긴 어쩐 일이에요?"

"일자리를 구하러 왔다가 면접을 망쳤어요."

"아." 그는 나를 아래위로 훑어봤다. "커피나 한잔합시다."

그 순간이 내 남은 인생에 얼마나 큰 영향을 주었는지 아무리 말해도 지나치지 않다.

그때 이후로, 아무리 짧은 순간이라도 기회가 오면 잡아야 한다는 생각이 내 인생 지침이 되었다. 그래서 아무것도 얻지 못하더라도, 사실 잃을 것도 없다. 하지만 시도하면 삶이 바뀔 가능성이 커진다. 그날 리처드를 불러 세우지 않았다면 음악 산업에 발을 들여놓지 못했을 테고, 그래서 내가 어떤 길을 갔을지 누가 알겠는가.

커피를 마시면서 나는 말레이시아, 우리 가족, 음악에 대한 열정 그리고 살면서 무엇을 하고 싶은지 얘기했다. 믹 맥브라이드와 함께 생각해냈던 온갖 사업 아이디어가 또 한 번 빛을 발했다.

대화가 끝나갈 무렵 리처드가 말했다. "자네에겐 뭔가 특별한 게 있군. 부서장에게 말해둘 테니 한 번 더 면접 봐요." 리처드는 약속을 반드시 지키는 사람이었고 나는 한 달 뒤 버진 텔레비전에서 일하게 되었다.

리처드 브랜슨의 접근법이 감명 깊었다. 기업문화와 어울리는 사람이라면 자기에게 맞는 역할을 찾으리라 생각하고, 자기 직감을 믿는다. 나는 경영에서 그런 사고방식을 고수했다.

버진 텔레비전에서 내 업무는 회계직이었다. 돌이켜보면 버진은 확실히 시대를 앞서갔다. 버진 텔레비전에는 세 개 부문이 있었다. 후반 제작 부문(525라고 불렀고 나중에 여기서 일한다), 기획 부문 그리고 MTV의 경쟁사 뮤직 박스였다. 뮤직 박스는 수많은 ITV가 공동 소유한 스카이 채널Sky Channel의 대항마가 되겠다는 목적을 지니고 슈퍼 채널Super Channel로 바뀌었다. 사업 발상은 좋았지만 당시 기술 수준으로는 위성 신호를 수신하려면 집채만 한 접시 안테나가 필요했다. 내 기억으로는 슈퍼 채널이 처음으로 컴퓨터 그래픽 이미지를 사용했다. 컴퓨터 역시 공동주택 한 동 크기 정도였지만 그 역시 대단한 발상이었다.

나는 버진의 기업문화를 사랑했다. 브루어스에서 숨 막히는 생활을 해봐서인지 정말 신선했다. 내 차림새가 어떻든 사무실에 언제 나타나든 아무도 신경 쓰지 않았다. 친근하고 포용적인 분위기였고, 느긋하게 일하는 편이었지만 창의적이었다. 6개월 후에는 525 부문장에게 발탁되어 재무관리자로 일했다. 그곳 분위기도 아주 느긋했다. 현금출납부 첫 항목에 '대마초'가 있는가 하면 대차대조표도 엉망이었다. 대변과 차변이 정말 연결되긴 하는지 의심스러울 지경이었다.

지금 보면 건전하고 합리적으로 보일지 몰라도, 80년대 치고는 급진적인 문화였다. 또한 '됐으니까 일단 하자!' 식으로 혁신에 접근하는 과감한 정신도 있었다. 나는 요즘에도 여러 회사가 새 프로젝트나 계획을 진행하다가 대차대조표, 추정치, 예측치라는 수렁에 빠져서 진을 빼는 모습을 많이 목격한다. 나는 이런 상황을 "검토만 하다가 마비된다"고 부른다. 이게 맞는다는 느낌이 들면 정말 맞는 경우가 많다. 아무리 액

셀을 돌려도 더 나은 선택이 나오지는 않는다. 버진 그룹은 오래전부터 이런 철학을 확실히 뿌리내렸다.

처음에는 회계장부를 어떻게 해야 할지 갈피가 잡히지 않았다. 여자친구에게 수시로 전화를 걸어 수치를 어떻게 처리해야 할지 물었다. 그러다 어느 날 갑자기 모든 것이 맞아떨어졌다. 나는 장부를 싹 정리하기 시작했고 놀랍게도 그 작업이 즐거웠다.

그렇게 2년을 다니던 차에 리처드가 항공사를 시작할 생각이라고 발표했다. 지금이야 그때를 생각하면 둘 다 웃지만, 당시 나는 리처드가 정신 나갔다고 생각했다. 항공사를 시작할 자금을 마련하려고 음악 사업을 정리할 것 같아 실망했다. 그래서 다른 직장을 알아봤다. 버진 그룹 텔레비전 부문에서 일하긴 했지만 언젠가는 음악 부문에서 일하리라는 희망을 버리지 않았다. 버진 그룹이 음악 사업을 정리한다면 내 꿈도 멀어지는 셈이었다.

어느 날 아침 출근길에 〈타임스〉의 구인란을 훑어보고 있었다. 지하철이 붐볐고 엄청나게 많은 사람 사이에 껴서 신문을 제대로 펼치기가 힘들었다. 스포츠난으로 넘어가려다가 워너 뮤직 로고를 발견했다. 음악 산업의 중심 워너 뮤직 말이다. 샤카 칸, 플리트우드 맥, 조니 미첼, 마돈나, 프린스 등 자주 들었던 음반 제작사도 워너였다. 워너 뮤직 CEO로 오래 재직했던 스티브 로스도 약간은 알고 있었다. 업무를 속속들이 잘 아는 하급 직원에게 권한을 이양하는 불간섭주의는 시대를 앞선 발상이었다. 또 TV 분야에도 선견지명이 있어서 특정한 취향을 지닌 시청자를 겨냥한 MTV나 니켈로디언 같은 채널을 만들었다. 뛰어난 재능을 지닌 음악가들을 수없이 발굴하고 육성했던 모 오스틴과 아흐메트 에르테군 같은 전설적인 인물도 워너에 흡수되었다. 그때까지 두 사람은 내게 레이 찰스 앨범, 구 애틀랜틱 레코드의 솔뮤직 등 인생 음악을 공급해주었다. 내가 소장한 음반에서 워너 지분이 아마 75%는 될 것이다. 나는 무슨 광고인지 제대로 살펴보려고 다음 역에서 내렸다.

모집 대상은 워너 인터내셔널 사업부에서 일할 재무 분석가였다. 버진의 재무 관리자보다 한 단계 낮은 직급이었지만 상관없었다. 헤드헌터를 통해 면접을 잡았고 워너 월드와이드의 베이커 스트리트 지점에서 부 회계 감사인으로 일하는 돈 스위니라는 사람에게 면접을 봤다. 할당받은 지역별로 재무성과 보고서를 쓰는 업무를 한다고 했다.

합격 소식을 듣고 기뻐서 펄쩍 뛰었다. 스물다섯 어린 나이에 드디어 음악 산업에 발을 디딘 것이다. 물론 신인 발굴 팀이 아닌 재무 담당이었지만, 특정 분야에서 일하고 싶으면 일단 발부터 들여놓아야 한다는 게 내 신조였다. 일단 내부에 진입하면 훨씬 유리한 위치에서 자기 길을 찾을 수 있을 테니 구체적인 업무는 무엇이든 좋았다. 사실 에어아시아에서도 항상 이런 생각을 강조했다.

첫날부터 본격적으로 업무를 시작했다. 내가 담당한 지역은 스칸디나비아와 이탈리아, 독일이었다. 전임자의 보고서를 읽고 다른 분석가들은 무엇을 하는지 관찰하다 보니 다들 뻔한 업무를 반복한다는 사실을 깨달았다. 수치를 말로 설명하는 것부터가 보여주기식이었다. 진정한 분석이 아니라 해설에 불과했다. 그래서 나는 수치 뒤에 숨겨진 사연을 파헤치기 시작했다. 스톡홀름이나 로마로 날아가서 현지 시장에서 무슨 일이 벌어지는지 이해한 다음 더 의미 있는 보고서를 쓰려고 노력했다.

워너에서 제공하는 직원 혜택은 굉장했다. 마케팅 부서에 들러서 아직 발매되지도 않은 CD를 가져갈 수 있었다. 내 음반 개수는 그 어느 때보다 빠르게 늘어났다. 게다가 사무실에 항상 음악이 흐르니 업무 환경도 완벽했다. 하지만 급여를 받는 대가로 해야 하는 일, 즉 의미 없는 보고서를 쓰는 일은 견디기 힘들었다. 나는 '최전선'에서 일하는 사람들에게 정보와 식견을 얻어 보고서를 썼지만 완성된 보고서는 60년대 서류 같았다. 나는 위험한 질문인 줄 알면서도 상사에게 보고서 양식을 바꿔도 되겠냐고 물었다. 상사는 단호하게 안 된다고 말했다. 항상 그렇게 작업했고, 그 양식으로 수치를 제시하고 분석하는 걸 사장이 원한다고 했다. 하지만 나는 구식이라는 생각을 떨칠 수가 없었다.

결국 하버드 그래픽에서 나온 표 계산 프로그램을 사서 보고서에 도표를 삽입하고, 현지 시장 분석을 추가했다. 상사가 보고서를 보는 대로 해고당할 것 같아서 저녁 늦게 그 보고서를 제출했다. 음악 산업에 몸담아서 좋았지만 일상 업무는 솔직히 실망스러웠다. 결국, 뭔가 다른 일을 시도한다고 해서 잃을 게 없으리라는 결론을 내렸다.

다음날 사무실에 출근했더니 전체 부서원이 한자리에 모여서 컴퓨터 모니터를 들여다보고 있었다. 다가가서 확인해보니 내 보고서였다. 나는 생각했다. '그래, 이걸로 됐어. 짐 싸서 나가자.' 그리고 왜 다들 모여서 보고 있냐고 물었다.

누군가 대답했다. "지금까지 본 보고서 중에 가장 훌륭하다고 회장이 말했대요." 당시 워너 뮤직 이인자였던 스티븐 쉬림튼이 나를 불렀다. 스티븐은 워너의 전설적인 인물이었고 워너 인터내셔널 회장이자 CEO까지 올랐다. 게다가 좀 무서웠다. 성미가 급하고 사람들에게 소리 지르거나 물건을 던지는 일로 악명이 높았다. 당시에는 임원이라면 그런 일이 용인되는 분위기였다. 하지만 스티븐은 나를 정말 맘에 들어했다.

어떤 행동은 경력에 크게 도움이 되지만 어떤 행동은 걸림돌이 된다. 그 보고서는 내가 크게 도약할 수 있는 계기였다.

보고서를 제출하기 전에 말레이시아에서 휴가를 보냈다. 그때 오스트리아 출신 워너 말레이시아 CEO였던 군터 지터를 잠깐 만났다. 내가 말레이시아에 와서 그곳 일을 하면 어떨까 상의했다. 스티븐을 만났을 때 말레이시아 얘기를 꺼냈더니 그는 언젠가 나를 말레이시아 지사 대표로 보내주겠다고 했다. 2년 후 스티븐이 다시 그 말을 했을 때 나는 재빨리 기회를 잡았다. '조건' 따위는 언급도 없이 그저 "그러겠다"고 대답했다. 살다 보면 눈앞의 기회를 낚아채야 할 순간이 있다. 내가 보기에 스티븐은 망설이는 걸 좋아하는 사람이 아니었다. 그래서 그 기회에 덤벼들었고 이를 계기로 내 인생이 바뀌었다.

나와 전처는 짐을 싸고 화려하게 말레이시아로 떠났다. 콘티넨털 항공에서 세계 일주 항공권을 일등석으로 끊었다. 우리는 뉴욕, 플로리다, 샌프란시스코에 갔다가 말레이시아에 도착했다. 내가 평생 살아갈 곳은 영국이라고 항상 생각했기에, 개트윅 공항을 떠나면서 감상에 젖었다. 처음 엡솜에 와서 몇 주 생활한 다음부터 그곳을 집처럼 생각했다. 영국식 생활 방식과 유머가 참 좋았다. 얼마나 영국식을 많이 받아들였는지, 오죽하면 친구들이 '갈색 피부의 영국인'이라고 불렀겠는가.

말레이시아에 도착하자 곧, 새 직책과 상황이 현실로 들이닥쳤다. 런던에 살면서 일했던 터라 말레이시아는 작고 고립된 시골처럼 느껴졌다. 확실히 지금처럼 국제화된 도시는 아니었다. 지금까지 회계사로 일했지 음악 산업 전문가도 아니었고, 말레이시아나 동남아시아 음악 시장에는 문외한이었다. 무엇보다 새로운 동료들도 내가 고위 관리자로 일해본 적 없다는 사실을 알고 있었다. 내가 부임하니 외부에서 이상하게 보는 듯했다. 곧, 직원들이 나를 아무것도 모르는 애송이라고 생각하고 피하는 게 느껴졌다. 겨우 스물여덟이었으니 완전히 틀린 것은 아니었다.

나는 사회성이 좋고 개인적으로도 잘 친해지는 성격이라, 일을 시작하면서 직원들의 태도를 바꿀 수 있었다. 우리가 일하는 방식도 바꿨다. 각자 담당 업무에서 책임과 자율권을 강화했다. 그 후로도 내 리더십 스타일은 변하지 않았다. 대체로 자기 담당 업무를 잘해내리라고 믿는다. 가끔 실망할 때도 있었지만, 나는 능력 있는 사람은 자기 일을 잘 안다고 전제하고 일하는 편을 선호한다. 나는 '주변을 어슬렁대는' 경영

방식으로 직원들이 무슨 말을 하고 싶어 하는지 진지하게 귀를 기울였다. 모든 직원이 맡은 업무를 이해하려 노력했고, 우리가 하는 일에 열정과 신뢰를 불어넣었다고 생각한다. 회계 장부를 제대로 정리하고 유통 과정을 매끄럽게 바로잡은 것도 본업에 도움이 되었지만, 활력이야말로 내가 가져온 가장 큰 변화였다.

지사 운영은 만족스러웠지만 현지 음악을 많이 배워야 했다. 그래서 음악을 듣기 시작했다. 신인 발굴 담당 나세르 압둘 카심이 말레이시아 음악 테이프를 가져와서 틀면 그 음악가와 계약을 할지 말지 함께 결정했다. 당시 말레이시아 대중음악은 상당히 지루하고 획일적이라는 느낌이 들었고 워너가 생산하고 유통하는 음악보다 나은 음악이 분명 있으리라고 생각했다. 우리 음반은 잘 팔리는 편이었지만 직원들에게 강조하는 가치와는 달리 특별하다는 느낌은 들지 않았다.

나는 말레이시아 전체 음악 시장이 대대적인 개혁을 앞뒀다고 생각했다. 그러던 어느 날 로슬란 아지즈라는 사람이 사무실에 찾아왔다. 로슬란은 제작자이자 음악가, 녹음 전문가로 말레이시아에서 수많은 명반 제작에 기여한 인물이다. 나세르가 이미 로슬란과 계약했지만 그는 내게 새 곡을 들어보라고 카세트테이프를 주러 왔다. 나를 참신한 인물로 보고 날 이용해서 많은 돈을 벌 수 있으리라 생각한 듯했다. 음악이 시작되자마자 나는 깜짝 놀랐다. 그레이스랜드[6]가 말레이시아 가요

---

6) Graceland: 엘비스 프레슬리가 가족들과 함께 살았던 저택

와 만난 듯한 독특한 음악이었다. 세련된 말레이시아 음악이라는 점에서 크게 차별화했다. 재능 있는 현지 음악가를 발굴하고 싶었던 내 앞에 걸출한 인재가 나를 바라보고 있었다. 나는 진심으로 이 음악이 세계 시장에서 성공하리라고 생각했다(슬프지만 그러지는 못했다. 이런 음악이 세계 시장에서 성공하려면 서양인 얼굴을 내세우거나 영화에 삽입해야 한다. 세계를 사로잡지는 못했지만 그래도 멋진 음악이었다).

로슬란은 작업실에서 좀 까다롭고 꼼꼼하며 느리다는 평가를 받았지만 부인 셰일라 마지드를 비롯해서 자이날 아비딘 같은 가수를 거느린 음반회사 RAP(Roslan Aziz Production)를 소유하고 있었다. 나는 RAP에서 보석 같은 말레이시아 음악을 발굴하겠다고 마음먹고 워너 뮤직에서 인수하기로 했다. 우리가 거래를 구체화하는 와중에 협상 테이블 저쪽에서는 RAP의 재무 담당자 카마루딘 메라눈 딘이 사정없이 값을 흥정하고 있었다.

결국, 작업 속도가 느리고 완벽주의자라는 로슬란의 평판은 모른척하고 워너는 많은 돈을 지급했다. 이 계약은 내가 워너에 근무하는 동안 저지른 가장 큰 실수였다. 워너와 RAP는 겨우 앨범 세 장을 작업했고 상업적으로 충분히 성공한 앨범은 없었다. 음악은 훌륭했지만 너무 복잡해서 마케팅에 많은 돈을 썼는데도 판매가 부진했다. 앨범 하나가 나오는 데 엄청난 시간이 걸린 탓에 우리는 RAP가 정말 어떤 곳인지 파악하지 못했다. 하지만 로슬란의 잘못만은 아니었다. RAP가 알아서 하게 방치하고 재능을 제대로 관리하지 못한 우리 탓도 있었다. 재능 있는 사람을 발견하면 믿고 내버려두는 내 잘못이었다. 나는 가끔 지나칠 정도로 상대를 믿는다. QPR을 인수하고 처음 몇 시즌도 마찬가지였다. 요즘에는 일이 정상궤도를 벗어나면 예전보다 일찍 알아차린다. 두 번 실패를 거쳤지만 이제는 좀 더 조심하고 있다.

그 거래를 하면서 딘을 만난 건 큰 성과였다. 나는 딘에게 말했다. "다음번에 거래할 일이 있으면 내 쪽에 섰으면 좋겠네요." 그렇게 내 인생에서 대단히 중요해질 관계를 맺었다.

워너 말레이시아는 변화 속도가 무척 빨랐고 숨을 제대로 쉴 틈조차 없었다. 6개월이 지나고 스티브 쉬림튼을 비롯한 상사 몇 명이 점검 차 말레이시아에 들렀다. 우리는 회의실에 앉아 경영현황과 다음 시즌에 작업할 앨범, 음악가를 발표했다. 한 음악가를 두고 내가 의견을 냈는데 다들 승인을 꺼리면서 논의가 길어졌다. 스티븐이 나를 바라보며 말했다. "자네가 다 관리하고 있으니 사장처럼 해."

당시 워너 말레이시아 CEO였던 군터 지터도 회의실에 있었다. 미국인은 가끔 그렇게 무신경하다. 하지만 일주일 후 군터는 해고당했다. '록의 여왕(말레이시아어로 Ratu Rock)' 엘라가 아무 제약 없이 워너 뮤직을 나가서 EMI와 계약한 다음이었다. 누가 계약서를 썼는지 모르지만 엘라가 다음 앨범을 낼 때 우리 회사가 우선 매수권을 가진다는 '선택권 조항' 삽입을 깜빡했다. 회사에는 치명적인 실수였고 군터에게는 치명타였다. 그렇게 나는 나이 스물여덟에 워너 말레이시아 CEO가 되었다.

쿠알라룸푸르로 돌아와서부터 우리 가족은 훨씬 오랜 시간을 함께 보냈다. 딸 스테파니가 막 태어나서, 주말마다 아버지 집에 가서 점심을 먹거나 아버지나 동생과 어울렸다. 정말 행복한 나날이었고 그런 시간을 보낼 수 있어서 감사했다. 어머니가 안타깝게 세상을 떠난 다음이라 더 그랬다.

경력이 본격적인 궤도에 오르고 다시 말레이시아가 집처럼 편안하게 느껴지면서 이곳 생활이 진심으로 즐거워진 지 얼마 지나지 않아 아버지가 편찮아지셨고 폐기종으로 돌아가셨다. 당신 세대 대부분이 그랬듯 끊임없이 담배를 피우긴 하셨어도 여전히 충격이었다. 어머니처럼 아버지도 너무 일찍 돌아가셨다. 적어도 아버지는 돌아가실 무렵 행복하셨으리라 생각한다. 내 성취를 두고 아무 칭찬도 하지 않으셨지만, 내가 마침내 가정과 직장에서 성공을 거둔 것을 기뻐하셨다. 물론 직접 말씀하지는 않으셨고 아버지의 친구에게 들었다.

어머니가 돌아가셨을 때는 슬픈 기운을 돌려 운동에 쏟았다. 이번에는 음악가와 계약하는 데 몰두했다. 온 회사를 아주 공격적으로 운영하면서 활발하게 밴드를 영입했다. 우리와 맞는 음악가를 얻으려고 전심전력했고 유리한 거래를 끌어내려고 까다로운 계약을 협의했다.

1993년, 신인 발굴 담당 나세르가 종교음악을 하는 밴드를 데려왔다. 라이한이라는 그 밴드는 반주를 최대한 줄이고 보컬 다섯 명이 함께 노래를 불렀다. 당시 말레이시아 음악은 단화음 위주였고 지나칠 정도로 달콤한 사랑 노래나 슬픈 발라드 일색이었지만, 들어보니 라이한은 목소리가 깨끗하고 화음이 힘찼다. 멤버 다섯 명은 초록색 셔츠를 입고 얼굴에 화장을 했다. 나는 이 밴드에 푹 빠졌다.

멤버들은 쿠알라룸푸르에 있는 알 아르캄 코뮌에 살았다. 알 아르캄은 논란이 많은 이슬람 운동으로 카리스마 넘치는 아사하리 모하마드가 지도자였다. 코뮌 자체는 발전한 곳이었고 음식, 물, 교육, 사회 운영 모두 자급자족이었는데 정부에서 엄중하게 감시한다는 소문이 자자했다. 그곳에 도착해보니 눈에 들어오는 풍경이 좀 충격이었고, 위험을 감수하고 계약하기는 어렵겠다고 아쉽게 결론을 내렸다. 아니나 다를까 1995년 말레이시아 정부는 그 종파를 금지했다.

금지령이 내리고 1년 후 라이한은 프로듀서 파리힌 압둘 파타와 함께 다시 우리를 찾아왔다. 여전히 화장을 했고 이번에는 흰옷을 입었다. 회사 사람들은 모두 그들을 미심쩍게 생각했지만 나는 곧바로 나세르에게 라이한과 계약하라고 말했다. 주요 음반사나 배급사 중에 종교음악을 취급하는 곳은 전혀 없었고 불확실한 대상에 도박하는 셈이었다. 하지만 우리는 푸지 푸지안이라는 앨범을 지원했고 비용을 들여 영상을 제작했다. 반응은 폭발적이었다. 앨범이 발매된 1996년, 500장을 처음 출하한 이후로 전 세계에 350만 장을 판매했다. 대단한 성공이었다.

우리 음악으로 인종과 종교, 문화적 경계를 넘나든 것은 뜻밖의 보너스였다. 당시 말레이시아에서 중국인은 중국 음악을, 말레이시아인은 말레이시아 음악을 들었다. 온 나라 사람이 같은 음악을 듣고 한 공연장에 말레이시아, 중국, 그리고 인도인이 모인 것은 처음이었다. 라이한이 그 틀을 깼다.

라이한의 두 번째 앨범을 작업하려고 유수프 이슬람(캣 스티븐스)를 섭외했고 두 팀은 런던에서 몇 곡을 함께 녹음했다. 유수프는 말레이시아에 왔을 때 라이한을 봤고 라이한이 음악으로 이슬람 선전을 하는 것을 무척 기뻐했다. 우리는 라이한을 국제무대에 선보였고 지금까지 순회공연을 하고 있다. 라이한은 훌륭한 밴드다. 이슬람 세계에서 대스타가 되었지만 시종일관 겸손했고 공연이 끝나면 청소를 하거나 행사 후에 의자 정리를 돕기도 했다. 성공하고 명성을 얻고도 변하지 않았다. 어느 모로 보나 멋진 사람들이다.

라이한을 시작으로, 우리는 지역에서 아주 인기 있는 종교 음악을 상업적으로 포장해서 새로운 시장을 창조했다. 이 분야는 수익성이 아주 좋았고 내가 벌인 수많은 위험한 도박의 자금줄 역할을 했다.

우리가 라이한으로 종교음악을 주류에 편입하자, 다른 현지 음악도 뒤를 이었다. 말레이시아 음악 중에 힌두스탄[7], 아랍, 말레이시아 전통음악을 특이하게 결합한 '단두트'라는 장르가 있다. 단두트는 '하층 계급'이 듣는 음악이었고 대형 음반회사에서는 다루지 않았다. 하지만 나는 계급에는 관심이 없었다. 단두트를 소비할 시장과 수익성이 있는지가 중요했다. 알고 보니 두 질문의 대답은 '아주 그렇다'였다. 우리는 핵심 소비자의 입맛에 맞게 단두트를 포장해서 최대한 빨리 편집 앨범과 CD를 선보였다. 인도네시아와 말레이시아 시장에 음반을 판매하는 데

---

7) 힌디어를 사용하는 인도 북부 지방을 말한다.

총력을 기울였다. 소비자가 부유한 시장이 아니었으므로 조호르 바루 경기장에 무료 콘서트를 개최하기도 했다. 나는 이런 음악이 '마카레나'나 '람바다'처럼 세계적으로 인기를 끌기를 소망했다.

내가 워너에서 이렇게 추진력을 발휘했지만 동남아시아 지역 전체 음악 산업은 아직 상당히 낙후된 수준이었다. 유럽과 미국 음반회사가 일하는 방식에 착안하여, 인기 순위나 말레이시아 음반 산업 연합 같은 상부구조를 만들었다. 이런 행보는 우리 음반을 홍보할 뿐 아니라 지금은 없는 시장을 만들어내는 효과가 있으리라고 판단했다. 회사뿐만 아니라 산업을 전문화하면 틀림없이 득이 된다. 산업 전체 수준이 올라가면 회사도 더 크게 성장할 수 있다.

아시아 사업을 망치는 주범이던 불법 복제와의 대결도 산업 측면에서 접근한 전략이다. 1989년 음반 및 영상 제작자 국제 연맹International Federation of Phonogram and Videogram Producers에서 발행한 보고서에 따르면 방콕에서 판매되는 카세트테이프 가운데 95%가 불법 복제물이었다. 정품 테이프는 태국 국왕 푸미폰 아둔야뎃이 작곡하거나 공연한 재즈 음반뿐이었다. 무엇이든 경건하지 못한 대상에 국왕의 이름을 사용하는 행위는 불법인 탓이 가장 컸다. 말레이시아에서 불법 복제 비율은 50%에 달한다. 불법 복제자 때문에 매년 수백만 달러 손해를 입었다.

시비를 따져보려면 이런 불법 조직을 운영하는 폭력단을 방문하는 수밖에 없다. 그래서 그렇게 했다. 우리는 경찰 협조를 얻어 이런 조직을 폐쇄하려고 했다. 주로 밤늦은 시간, 말레이시아 국내 무역 및 소비자

보호부Malaysian Domestic Trade and Consumer Affairs Ministry 다툭 파하민 압라잡 사무총장과 나는 트럭 뒤에 앉아 출동했다. 명령이 떨어지면 불법 복제 음반 창고를 급습할 무장 경찰 40여 명이 우리와 함께 대기했다. 물론 피라미 같은 인물만 걸려들었지만, 가만히 앉아서 손해를 보며 우리 소속 음악가들이 고통 받는 것을 보느니 뭐라도 시도하는 게 중요하다는 생각이 들었다. 조직의 리더로서 내가 믿는 가치를 지키려면 얼마나 위험하든 최전선에서 직접 싸워야 한다고 믿었다.

우리는 현지에서 재능 있는 음악가를 발견하고 육성해서 배출하는 것은 물론, 항상 국제적인 스타를 물색했다. 워너 그룹에서 서양 밴드 음악을 계속 공급받아 유통했지만 워너 눈에 띄지 않았던 스타를 발굴하는 게 훨씬 보람 있는 일이었다. 코어스가 그런 밴드였고 성공했을 때는 정말 기뻤다. 1997년, 서로 친했던 전설적인 프로듀서 데이비드 포스터와 코어스 매니저 브라이언 애브넷이 내게 〈토크 온 코너Talk on Corners〉 CD를 줬다. 그 앨범이 무척 마음에 들어서 워너 아시아 팀을 불러 함께 들었다. 당시 EMI 출신으로 캘빈 윙, 라치에 루테르포드가 각각 아시아 지역 마케팅 본부장, 아시아 지역 대표로 갓 입사했다. 캘빈은 능력 있는 사람이었지만 내가 무슨 말을 해도 반대했다. 그는 코어스가 아시아에 통하지 않을 거라며 이 결정을 지지하지 않는다고 했다.

하지만 내가 밀어붙여서 결국 코어스와 계약했다. 멤버들의 사연도 마음에 들었다. 아일랜드 출신으로 화음을 넣고 노래하는 재주 많은 네 남매(아름다운 자매가 세 명)가 라우스 카운티 던도크에 있는 이모네 술집에서 합을 맞춰가며 연습했다. 영화 〈커미트먼트〉에 출연도 했지만, 진정한 기회는 1994년 보스턴 월드컵에서 미국 대사가 코어스를 초청했을 때 왔다.

그래도 아시아에서 낯선 밴드였지만, 우리는 마케팅과 광고에 창의력을 발휘해서 1998년 9월 쿠알라룸푸르에 열린 영연방 경기대회Commonwealth Games 폐회식에 초청했다. 그 자체로도 좋은 기회였지만 나는 꼭 코어스를 오게 하려고 여왕에게 소개될 거라는 선의의 거짓말을 덧붙였다. 사실 거의 성사될 뻔했던 일이지만 결국 실패했고 멤버들은 한동안 내게 잔뜩 토라졌다. 하지만 영연방 경기대회 덕분에 코어스 앨범은 그해 굉장한 판매량을 기록했다. 위험을 감수한 끝에 결국 성공했다.

새로운 음악가와 계약하고 앨범을 내는 속도가 엄청나게 빨라지는 바람에 끝내 문제가 생겼다. 90년대 말 몇 년 동안 실적이 나빴다. 신, 구 음악가를 아울러 무진장 앨범을 발매했지만 판매가 되지 않아 유통점에서 재고를 다시 가져와야 했다.

그 무렵 스티븐 쉬림튼이 나를 찾아와서 말했다. "속도 좀 늦춰! 누가 쫓아오는 것도 아니지 않나. 시간이 있으니 여유를 가지라고."

나는 그 조언을 따랐다. 지나치게 일을 벌이기보다, 할 일을 추려서 중요한 음악가에 다시 집중했다. 실적이 나아지면서 내 명성도 조금은 회복했다. 그 후로도 몇 번 더 '조급한 남자'라는 오명을 쓰기는 했다. 분명 내 잘못이다. 잘 풀릴 때는 일을 더 과하게 벌이려 하고 본업과 가장 중요한 업무에 소홀해지는 경향이 있다.

그뿐만 아니라 더 높은 자리에 오르려는 야망 탓에 집중력이 흐려졌다. 워너 그룹 고위직에 오르고 싶었고 동남아시아 지역 총괄 대표를 노렸다. 나를 이끈 것은 야심이었지만 실은 그때도 동남아시아 통합 시장을 창출하는 데 관심이 있었다. 나는 쉬림튼에게 승진하고 싶다는 의사를 강하게 내비쳤지만 스티븐은 아시아 시장 고위 경영진이 안정을 찾을 때까지 의사결정을 미뤘다. 임원진 안팎으로 변화가 많아서 문제가 생겼던 시기였으므로 내 편을 들기 전에 잠잠해지는 시기를 기다리고 싶어 했다.

캘빈 웡과 라치에 루테르포드를 영입한 것도 안정을 찾으려는 목적이었지만 왠지 두 사람은 나를 좋아하지 않았고 몰아내려 한다는 느낌을 받았다. 뛰어난 인물이 새로 들어오면 주변에 자기 사람으로 채우려 하는 경우가 많다. 1999년 승진하기는 했는데, 왠지 회유책에 불과하다는 생각이 들었다. 캘빈과 라치에는 내가 자리에 적합한 사람이 아니라고 생각했지만 일단 직책을 주고 어떻게 처리할지 고민했다.

새 업무에서는 내 아이디어를 발전시킬 여지가 별로 없었다. 동남아시아 지역에 적합한 사업구조를 만들고 싶었지만 새 상사가 비협조적이었고, 예전에 좋아했던 수많은 일을 직접 처리하기에는 이미 지나치게 상급자였다. 불길한 조짐이 보였지만 마지막으로 제작해야 할 앨범이 하나 있었다.

S.M. 살림은 워너에 아주 중요한 유명 가수이고 말레이시아에서 프

랭크 시나트라만큼 유명한 인물이었다. 오랜 기간 워너와 일했지만 내가 부임하기 전까지 앨범 판매가 저조했다. 1992년 나는 S.M. 살림과 자이날 아비딘 듀엣곡을 기획했고 그 곡은 오랫동안 인기를 끌었다. 그 후 S.M. 살림이 고별 앨범을 제작하고 싶다고 했다. 나세르와 나는 좋은 기회로 생각하고 당시 총리 마하티르가 아끼던 말레이시아 필하모닉 오케스트라와 팀을 꾸린 다음 시티 누르할리자를 설득해 합류하게 했다(살림이 말레이시아의 프랭크 시나트라라면 시티는 셀린 디옹이나 머라이어 캐리라고 할 수 있다). 이전에는 한 번도 시도한 적 없는, 야심차게 여러 장르를 혼합한 라이브 앨범으로 큰 비용이 들었지만 엄청난 성공을 거뒀다. 워너와 오케스트라, 가수 모두 많은 돈을 벌었다. 말레이시아 총리까지 콘서트에 온 덕분에 S.M. 살림은 큰 영예에 해당하는 탄 스리Tan Sri 작위를 받았다. 그는 무척 자랑스러워했고 음악 산업 경력에 정점을 찍은 나도 마찬가지였다. 2011년에 녹음한 그 앨범은 5월 워너를 떠날 때까지 마지막으로 작업했던 앨범이었다.

그동안 시간을 너무 오래 끌었다. 경력에 발전이 없고 동남아시아 시장을 통합하려는 야망도 꺾인 데다 대기업 특성상 변화가 느린 점도 실망스러웠지만, 떠나야겠다고 결심한 계기는 디지털 다운로드에 대응하는 업계의 태도였다. 모두 머리만 모래 속에 묻어버리자는 건지 과소평가하는 건지, 둘 중 하나였다. 나는 이미 기술이 여기까지 발전했고 막을 도리가 없으니 잘 활용해서 이익을 내야 한다고 생각했다. 자동차가 나왔는데, 운송 산업에 종사하는 사람들이 다들 계속 말을 사용하겠다고 우기는 꼴이었다. 냅스터 같은 음원 공유사이트가 활개 치도록 내버려 두지 말고, 새로운 음악 감상 패러다임을 받아들이고 가능성을 검토해서 최대한 활용해야 한다고 믿었다. 그러나 현실에 안주하려는 업계 반응에 크게 실망했다.

최근 나는 엄청난 변화를 가져올 매서운 혁신이 일어나는 순간을 항상 주시한다. 에어아시아를 비롯한 우리 사업체가 움직임이 둔해지거나 앞일을 예측하지 못하거나, 신기술에 재빨리 반응하지 않는다고 느끼는 순간 고민한다. 기업에서 가장 중요한 가치는 민첩함이며, 프로세스나 위원회, 실무진에게 주눅 들지 않고 움직여야 한다. 잘나가던 회사도 기술이나 시장 변화를 인식하지 못하거나 민첩하게 움직이지 않아서 망하는 경우가 셀 수 없이 많다. 기존 제품을 위협하는 기술 변화에 대처하지 못한 코닥이나 노키아 그리고 수많은 소매업체가 어떻게 됐는지 생각해보자. 경영자는 항상 변화를 인지하고 대응해야 한다.

워너를 떠나길 잘했다. 업계가 혁신을 거부한 영향도 있지만 나도 점점 흥미를 잃어갔던 탓에 성과도 흔들리고 있었다. 항상 '최고가 되고, 최선을 다하자'가 신조였지만 내 위치에서도 업계를 위해 아무것도 할 수 없는 시점에 이르렀다. 하루도 빠짐없이 밥값을 해야 한다는 신념을 갖고 있었으므로 곤란한 상황이었다. QPR을 인수하고 나서, 엄청난 돈을 받으면서 경기에 전력을 다하지 않는 선수를 보면 혼란스러웠다. 대가를 받고 일하면서 최선을 다하지 않는 사람을 이해할 수 없다. 내가 하는 일에 신념을 갖고 임하지 못해서 성과가 떨어지기 시작했을 때, 이제 떠나야 한다는 사실을 깨달았다.

2001년 초, 워너의 임원진과 함께 내 퇴직금을 협의했다. 쿠알라룸푸르의 MUI 플라자에 위치한 워너 건물에 있는 내 사무실, 훌륭한 비서 킴과 회사 차를 계속 사용하기로 했다. 나는 앞으로 어떤 모험이 펼쳐지든 일단 사무실을 유지하는 게 좋겠다고 생각했고, 회사에서는 매듭지어야 할 모호한 부분이 있으니 내가 사무실을 유지하는 편이 모두에게 유리하다고 판단했다.

음악 산업에 큰 애정을 갖고 일해 왔지만 그만큼 기분 좋게 워너를 떠났다. 그동안 딘을 비롯해서 싱가포르 지역 마케팅 총괄로 일하다가 워너 싱가포르 대표가 된 캐슬린 탄, 워너 타일랜드 CEO를 지낸 타싸폰 비즐레벨드, 인도네시아에서 만난 센자자 위자자, 필리핀에서 만난 마리안 맨 혼티베로스 등 멋진 사람들과 인연을 맺었다. 나라마다 돌아가며 송별 파티를 했고 꼭 노래 두 곡을 틀어줬다. 아바의 〈땡큐 포 더 뮤직〉과 R. 켈리의 〈아이 빌리브 아이 캔 플라이〉였다. 한 곡은 뒤를 돌아보고, 다른 한 곡은 앞을 내다보자는 의미였다. 나는 인도네시아에서 작별의 말을 하면서, 사람들을 바라보며 언젠가 여러분은 다시 나와 일하게 될 거라고 했다. 나중에 그 말은 이루어졌다.

마지막으로 뉴욕에서 회의에 참여한 다음 런던에 갔다. 무엇을 하면 좋을지 전혀 감이 잡히지 않았다. 스스로 기업가가 될 만큼 대담한 성격이라고 생각하지는 않았지만 음악 업계에서 건성으로 이것저것 알아보고 다녀 봐도 관심 가는 일은 없었다. 첫 직장 버진에 다니다가 워너로 갔을 때는, 음악을 이렇게 사랑하는 만큼 평생 이쪽에서 일하리라고 생각했지만 이제는 좀 고리타분하다는 생각이 들었고 다른 좋은 분야가 있으리라 생각했다. 그게 무엇인지 발견하는 일만 남았을 뿐이다.

런던에 돌아와서 할 일이 아무것도 없었다. 2001년 2월 어느 날 오후, 햄스테드 히스 언저리에 있는 오래되고 유명한 술집 스패니어드에 갔다. 자리에 앉아 탄산수를 홀짝이는데 TV에 스텔리오스가 나왔다. 영국에서 무서운 속도로 성장 중인, 주황색 로고로 유명한 저비용항공사 이지젯 CEO였다. 스텔리오스가 인터뷰하는 장면을 보고 TV 쪽으로 몸을 기울였다.

5. 꿈꿀 수 있는 용기

배경음악 R. 켈리Kelly,

〈아이 빌리브 아이 캔 플라이I believe I can Fly〉

그 술집에서 스텔리오스가 하는 얘기를 듣고 있자니 한꺼번에 몇 가지 생각이 떠올랐다. 나는 비행기와 공항, 항공 산업을 사랑한다. 마케팅과 홍보에 뛰어나다. 내가 아는 한 아시아에는 저비용항공사가 없다.

내 눈으로 직접 확인해야 했다. 그날 오후 바로 버스를 타고 햄스테드에서 브렌트 크로스 쇼핑센터로 가서 다시 루턴 공항으로 가는 757번 그린 라인 버스로 갈아탔다. 20년 전 엡솜에 갈 때, 그리고 찰리 린터와 히스로 공항에 다닐 때 타고 다닌 버스였다.

공항 터미널에 걸어 들어가서 깜짝 놀랐다. 공항 전체가 이지젯으로 느껴질 만큼 어딜 가나 주황색 일색이었다. 승객은 8파운드를 내고 바르셀로나로, 6파운드에 파리로 날아갔고 더없이 만족스러워 보였다. 공항을 물들인 통합 브랜드 전략부터 단순화한 서비스까지, 전반적인 운영 방식이 인상 깊었다.

나는 항공사를 창업하기로 마음먹었다. 그 옛날 어머니와 전화하면서 저렴한 가격에 쿠알라룸푸르에서 런던까지 비행할 수 있게 만들겠다고 했던 말이 다시 내게 돌아왔다. 루턴 공항을 떠나기 전에, 나중에 세세한 내용까지 모두 기억할 수 있게 소형 캠코더를 사사서 출입구의 이지젯 브랜드 이미지부터 공항 건물, 탑승 수속 직원 유니폼까지 모조리 녹화했다. 승객이 공항에서 느끼는 압도적인 브랜드 이미지가 마음에 들었다.

공교롭게도 얼마 지나지 않아 딘이 전화를 했다. 이라크와 터키 국경 근처 외딴곳에 발이 묶였는데, 호텔 방과 돌아갈 항공권을 구하는 걸 도와달라고 했다. 워너에 근무하는 동안 딘과 친하게 지내면서 딘이 여행할 때 회사 할인 혜택을 받도록 주선해줬다. 나는 딘에게 항공사를 창업하면 어떻겠냐고 물었다. 딘은 무척 긍정적인 반응을 보였지만 일단 급한 용무가 먼저였다.

"좋지, 좋은 생각이야. 그런데 호텔 방은 싸게 구해줄 수 있어?"

딘은 할인받을 기회를 놓칠 사람이 아니다.

말레이시아에 돌아와 딘을 만났다. 유럽의 허브 공항으로 저가 장거리 비행 서비스를 제공하고, 이지젯이나 라이언에어 같은 회사와 협력해서 유럽 내 연결편을 확보한다는 기본 계획을 털어놨다. 딘은 내 아이디어를 마음에 들어 했다. 항공사와 여행에 열광하는 내 마음을 알아줬고 본인도 색다른 일을 해보길 원했다.

우리는 독립적이고, 정치와 무관하며 뭔가 완전히 새로운 것을 창조하고 싶다는 데 뜻을 같이했다. 함께 일하는 방식도 명확하다. 내가 마케팅과 홍보를 맡아 대외적 간판 역할을 하고, 딘은 본인 말을 빌리면 '뒤에서 재미없는 일'을 한다.

딘과 나는 진정한 동업자였다. 우리는 각자 잘하는 일에 집중했고 강점을 살려 일했다. 그래서 놓치는 게 별로 없었다. 그리고 그때 만난 자리에서, 이 사업은 우리 손으로 키워나가고 단순한 돈벌이가 아니라 온 힘을 쏟아 진짜 성공시켜 보기로 했다. 나는 이렇게 말했다. "실제로 수익을 내는 진짜 사업을 일궈서 성장에 재투자하자. 언젠가 뒤를 돌아보면서 우리가 훌륭한 일을 했다고 생각하게 말이야."

딘은 내 제안을 받아들였다. 그리고 지분을 50:50으로 하자고 했지만 나는 내 아이디어니까 1% 더 가져가야 한다고 주장했다.

그때 나는 여전히 사랑하는 음악의 영향을 받고 있던 터라 새 항공사 이름으로 튠 에어Tune Air를 생각해내고 브랜드 색은 주황색을 골랐다 (리처드 브랜슨의 상징 빨간색을 따라 했다는 혐의를 받느니 스텔리오스의 주황색을 빌리는 게 낫다고 생각했다. 하지만 비행기 조종사, 정부 장관, 친구 등 많은 사람이 빨간색으로 바꾸라고 했다. 빨간색은 내가 항상 선호했던 브랜드 상징색이었다.)

그 시점에 구체적인 운영방안이라고 해봤자 냅킨 한 장에 다 적을 수 있는 수준이었고 기업가가 뭔가 새로운 것을 시작하려고 할 때마다 부딪히는, 시급히 해결해야 할 문제가 있었다. 산업을 전혀 모르는데 사업을 어디부터 어떻게 시작해야 하는가?

결국 내가 잘하는 일을 하는 수밖에 없었다. 사람들에게 물어보는 것. 주소록을 뒤져 전화를 돌렸다. 거의 모든 이가 내 생각을 비웃었다. 그래서 엡솜에 전화를 걸어 항공 산업과 연관 있는 사람을 알려달라고 부탁했다. 학교 측은 기꺼이 세 사람의 연락처를 알려줬다. 브리티시 항공에서 가장 유명한 조종사이자 여왕 전용기 조종사로 일해 온 브라이언 월폴 경, 캐나다 저비용항공사 웨스트젯의 설립 주주 클라이브 베도, 옛날 홀만 하우스 시절 기숙사 동기였고 항공기 임대 관련 변호사로 일하는 마크 웨스턴이었다. 나는 마크에게 전화를 걸어 스텔리오스에게 내 아이디어를 얘기하고 싶은데 소개해 줄 수 있냐고 물었다. 마크는 나와 스텔리오가 생각하는 사업 방향이 다르니 서로 시간 낭비가 될 거라며 GE 캐피털 항공기 사업부 GECAS(GE Capital Aviation Services)와 얘기해보라고 했다. GECAS는 GE의 항공기 임대 부문이며 임대 시장에서 규모가 무척 큰 회사로 76개국에 2천 대에 가까운 비행기를 임대한다.

그래도 스텔리오스의 업적을 존경했기에 그에게 메일을 썼다. 스텔리오스는 예의 바르게 거절하는 답장을 보냈다. 내가 노력 끝에 항공산업에서 성공을 거두었으니 그의 판단은 틀린 셈이지만 적어도 내게 답장은 해줬다. 이제 나는 스텔리오스 같은 위치에 있고 회사 안팎에서 쪽지와 이메일, SNS 메시지를 수천 건씩 받는다. 모든 메시지를 하나하나 꼭 확인한다. 나와 이메일로 연락하는 사람에게 훌륭한 아이디어를 얻어서 검토한 적도 있다. 이런 문화는 기업에 꼭 필요하다. 누구나 자기 아이디어를 거리낌 없이 내놓을 수 있는 환경을 만들어야 한다. 일례로 에어아시아는 직원들이 나서서 항로를 제안했고 실제로 그렇게 수많은 항로를 도입했다.

사람들이 수없이 많은 아이디어를 보내고 요구를 할 때 그냥 '노'라고 대답하면 편하겠지만 어떤 기회가 생길지 알 수 없는 노릇이다. 스텔리오스가 내게 투자했다면 언젠가 아시아의 주요 항공사를 공동 소유했을 것이다. 그래서 나는 무작위로 오는 전화나 이메일을 늘 진지하게 생각하고 하나하나 검토한다. 터무니없는 아이디어도 있지만 특별한 씨앗을 품은 아이디어도 있기 때문이다. 사업을 구상하려고 처음 시도할 때는 좋게 말해서 혼란스러웠다. 자금이 얼마나 필요한지, 아이디어를 실행에 옮기려면 인력은 얼마나 있어야 하는지 필사적으로 조사하고 산업을 최대한 배우려 노력하며 정신없는 시간을 보냈다.

나는 쿠알라룸푸르에 있는 옛 직장 워너 사무실의 친숙한 환경을 본거지로 삼았다. 항공사를 운영하려면 실제로 뭐가 필요한지, 내가 모르는 부분을 채우려고 사람들을 만나서 대화하기 시작했다. 처음 몇 달 동안 딘과 나는 로즈만 빈 오마르를 CFO로, 시린 체아를 회계사로 고용해서 재정 설계를 맡겼다. 딘과 내가 주요 주주였지만 워너에서 받은 퇴직금으로는 자립 가능한 수준 근처에도 갈 수 없었다. 나는 음악 업계에서 만난 지인 아지즈 바카르를 세 번째 주주로 끌어들였다.

쿠알라룸푸르 사무실은 임원 한 명이 쓰기엔 넓디넓은 공간이었지만 이제 비좁았다. 새 사람이 들어오면 조립식 책상을 사서 놨는데 결국 방에 온통 책상이며 의자가 괴상한 조합으로 가득 들어찼다. 우리는 난장판이 된 방을 '전쟁터'라고 불렀다. 세계 항공 산업을 정복하려는 비밀 조직이 일하는 그 방에서 수많은 계획이 부화했다.

우리는 온몸을 던져 일했다. 말레이시아의 에너지 대기업 페트로나스 같은 회사를 만나 있지도 않은 비행기 연료 가격이며 항로 따위를 협상하려고 했다. 사람들은 대부분 우리를 비웃으며 말했다. "진짜 비행기가 생기면 그때 다시 오시죠." 하지만 집요하게 붙잡아 연구했고, 아직 필요하지도 않은 조직과 서비스 비용을 계산하며 항공 산업을 이해하고 우리 사업모델에 적용하려 애썼다.

나는 마크 웨스턴의 추천에 따라 GECAS에서 일하는 존 히긴스에게 연락했다. 존에게 조언을 기대하며 그동안 진행한 계획을 설명했다. 나는 런던에서 쿠알라룸푸르로 가는 항로를 비행할 보잉 767기를 임대하고 싶었다. 존은 나를 한물갔지만 돈은 넘쳐나는 록스타쯤으로 생각하는 듯했지만, 친절하게 내 이야기에 귀를 기울인 다음 중요한 자리를 두 군데 마련해주었다. 그때 만남으로 시작된 관계가 에어아시아의 성공에 중요한 역할을 했고, 무척 만족스러운 파트너십으로 이어졌다.

한 명은 코너 매카시라는 남자였다. 항공 업계에서 20년 넘게 일하다가 직접 항공 자문 업체를 차리려고 라이언에어의 그룹 운영이사에서 사직한 사람이었다. 다른 한 명은 GECAS의 동남아시아 지역 대표 마이크 존스였다. 우리는 만나자마자 잘 통했다. 마이크는 그때 처음 만났을 때부터 지금까지 함께 일하며 우리의 자문가이자 동업자로 남아 있다. 마이크는 사업 초기에 큰 도움을 주었고 당시 진행했던 거래는 거의 전부 마이크와 함께했다.

존 히긴스를 만나고 얼마 지나지 않아 코너 매카시에게 전화했고 수화기 너머로 강한 더블린 억양이 들려왔다.

"안녕하세요, 코너 씨. 토니 페르난데스라고 합니다. 존 히긴스 씨에게 제 얘기 들으셨죠?"

"그럼요, 토니. 저비용항공사를 시작하고 싶다고요? 저한테 그런 말을 한 사람이 6개월 동안 다섯 명이에요."

"전 할 수 있으리라 생각해요. 지금은 사업 계획을 준비하는 중입니다. 쿠알라룸푸르에 오셔서 도와주실 수 없을까요?"

"죄송하지만 거기까지 가긴 힘듭니다. 그럼 이건 어때요, 진심이라면 런던 스텐스테드 공항에서 만나 얘길 나눠 보시죠."

5일 후 나는 스텐스테드 공항 허츠 렌터카 접수대 앞에서 서성거렸다. 사람들은 화려한 호텔이나 호화로운 리조트에서만 대규모 사업이 시작된다고 생각하지만, 꼭 그렇지는 않다.

전화기가 울렸다. 코너였다.

"안 보이네요. 어디 계세요?"

코너는 세상을 잘 몰랐다. 아일랜드 골웨이 서쪽이나 런던 동쪽에 가 본 적이 없는 모양이었고, 내 이름과 억양을 듣고 키 180cm가 넘는 정중한 안토니오 반데라스를 떠올렸나 보다. 자신이 본 내가 설마 그 장본인이라고는 생각하지 않은 게 분명했다.

"당신 바로 앞에 서 있는 키 작고 뚱뚱한 인도 남자가 접니다."

그 말로 어색한 분위기가 풀어졌다.

커피를 마시면서 우리가 그토록 힘들게 구상했던 사업 계획서를 보여줬다. 깔끔하게 철하고 색인표도 붙인, 꽤 전문가다운 문서였다. 그 서류에 엄청난 공을 들였다. 하지만 코너는 사정을 봐주는 스타일이 아니었고, 자신이 '라이언항공 사교술 학교' 출신이라며 너스레를 떨었다. 20초 후에 그 이유를 알 수 있었다.

"그럴싸해 보이지만 말도 안 되는 생각이에요. 마이클 올리어리(라이언 항공 소유주)나 스텔리오스 둘 중 한 명이라도, 말레이시아에서 유럽 네트워크로 오갈 수 있게 자기 승객을 연결해주고 자원을 쓰게 해줄 거로 생각해요? 자기 고객을 그쪽에 보내고, 그쪽 고객이 자기 항로를 사용하게 해준다고요? 왜 그래야 합니까?"

"승객이 더 많아질 테니까요."

내가 주장했다.

"아니오, 아닐 겁니다."

왜 그렇게 단정적인지 궁금했다.

"왜 아니라는 겁니까?"

"두 회사는 이미 좌석을 대부분 채우고 있어요. 좌석 이용률이 아주 높으니 그만큼 사업 모델이 복잡해질 겁니다. 아예 완전히 새로운 사업 콘셉트를 잡아야 해요. 화물 이송도 그렇고 회계 측면에서는 누가 수익을 가져가야 하는지, 승객 측면에서는 비행기를 놓치거나 시간이 지연된 고객에게 호텔을 어느 쪽에서 잡아줘야 하는지 이것저것 고려할 것투성이죠. 그런 복잡한 사정이 있는데 그쪽에 말을 건네면 자동으로 '좌석 이용률은 90%고 사업은 아주 잘 되고 있으니 그런 건 필요 없다'는 반응이 나올 겁니다. 두 번째, 애초에 그 사람들이 왜 당신을 상대하겠습니까? 이 업계에서 전혀 경험이 없잖아요. 그 사람들이야 그냥 돌아서서 '한다고 해도 혼자 하지'라고 말하겠죠."

충격이 컸지만 그 말이 맞고 우리가 세운 계획이 엉망이라는 사실을 깨달았다.

하지만 코너는 긍정적인 사람이었다. 문제만 내세우지 않고 해결을 지향했다. 그리고 말을 이었다.

"말레이시아 인구가 얼마나 됩니까?"

"2천 7백만 정도입니다."

"좋군요, 그런데 뭐가 걱정입니까? 뭔가 새로운 걸 만들어내려고만 하지 말고, 말레이시아에 유럽형 저비용항공사를 세워요. 이 사람들은 프로세스를 단순화해서 엄청난 돈을 벌었습니다. 여행사를 끼지 말고 인터넷으로 항공권을 판매해요. 좌석을 단일화해서 최대한 승객을 태우고요. 아침부터 밤까지 비행기를 띄우고 비행기 정비는 새벽에 하면 됩니다. 철저히 저비용을 지향하란 말입니다."

눈이 번쩍 뜨이는 느낌이었다. 물론 동남아시아 항공사는 모두 막대한 항공료를 챙겼고 따라서 극소수만 비행기를 탈 수 있었다. 저비용항공사는 동남아시아 항공 산업을 대중화하고 혁명을 일으킬 것이다. 겨우 커피 두 모금을 마시는 동안 코너를 믿게 된 나는 흥분해서 심사숙고 끝에 작성한 사업 계획서를 집어들어 코너의 눈앞에서 찢어버렸다.

"다시 시작합시다."

그렇다고 해도, 어머니에게 런던까지 저렴하게 갈 수 있게 하겠다던 옛 약속을 지키고 싶은 꿈은 쉽게 사라지지 않았다. 코너에게 저가 장거리 비행 계획은 서랍 깊은 곳에 넣어두겠다고 말했다. 언젠가는 제대로 진행하리라 다짐했고, 에어아시아 X를 시작하면서 그 약속을 지켰다.

코너가 라이언에어에서 쌓은 경험이 꼭 필요했기에 최대한 빨리 합류시켜야겠다고 생각했다. 딘과 나는 다시 사업 계획을 세우면서 코너가 했던 말을 최대한 반영했다. 일주일 뒤 코너에게 다시 사업 계획서를 보내면서 이곳에 와서 도와달라고 요청했다.

우리는 돈이 없었으므로 코너에게 보수를 절반은 지분으로, 절반은 현금으로 주겠다고 했다. 하지만 코너는 이를 거절하고 전부 현금으로 달라고 했다. 딘과 나만큼 우리 회사를 믿지는 않은 듯하다.

코너가 말레이시아에 왔고 우리는 다시 신중하게 계획을 수립했다. 코너가 합류한 다음 2001년 봄이 지나고 초여름 무렵 일이 착착 진행되었다. 재정 기반을 구축했고 연구 분야를 정하고 전문가를 영입했으며, GECAS에서 항공기를 임대할 수 있게 관계를 쌓았다. 항공사를 시작하는 기본 모양새가 갖춰지는 것 같았다.

어느 날 아침, 아지즈와 딘과 나는 쿠알라룸푸르 다야부미에 있는 국내 무역 및 소비자 보호부Malaysian Domestic Trade and Consumer Affairs Ministry에 미팅을 하러 갔다. 며칠 전, 진척 상황을 검토하면서 꽤 긍정적이었는데 갑자기 속이 뒤틀리는 생각 하나가 떠올랐다.

"항공 산업 허가를 어떻게 받는지 모르잖아." 내가 말했다.

우리는 서로 쳐다보다가 의자에 털썩 주저앉았다. 그러다 아지즈가 말레이시아에서 사업을 할 때 곧잘 나오는 대사를 했다.

"정치적 끈이 필요해. 우리한텐 없지만."

그때 묘안이 떠올랐다. 그렇게 해서 다툭 파하민 압 라잡을 만나기로 했다. 파하민은 그 부처를 지휘하는 사무총장이었다. 전에 말레이시아 워너 소속이었을 때 파하민과 함께 불법복제 범죄자를 잡으려고 일한 적이 있다. 그전에는 교통운송부에 있었다고 한다. 험악하고 성미가 급한 무서운 남자였지만 정직하고 솔직했다. 즉 내가 딱 좋아하는 유형이었다.

내가 제안했다. "파하민을 우리 회장으로 모시면 어때?"

파하민은 정계에서 유일하게 아는 사람이었고 마침 적합한 인물 같았다. 다른 사람은 내가 미쳤다고 생각했지만(이번이 처음은 아니다) 시도한다고 해서 잃을 건 없었다.

우리 생각을 설명하자 파하민은 망설임 없이 동의했고 단지 뭐가 필요한지만 물었다. 다른 사람들처럼 면전에서 비웃지도 않았다. 우리는 가장 시급하게 마하티르 빈 모하메드 총리를 만나고 싶다고 말했다. 파하민과 총리가 서로 마음이 잘 맞는 사이는 아니었기 때문에 어려운 요구라는 사실은 알고 있었다. 둘은 민주주의 실현 방향이나 공무원이 일하는 방식 등을 두고 전혀 시각이 달랐다. 하지만 파하민은 해보겠다고 말했다. 그리고 약속을 지켜서 무슨 수를 썼는지 2001년 7월 총리와 약속을 잡아주었다. 저가 단거리 항공사가 빛을 볼 유일한 기회였다.

오전 11시, 쿠알라룸푸르에서 외곽으로 40킬로미터쯤 떨어진 푸트라자야 공관지구에 있는 총리사무실에서 만나기로 했다. 총리부 청사 건물 페르다나 푸트라는 6층짜리 거대한 복합건물로, 장엄한 중앙 건물 양쪽으로 부속 건물이 뻗어 있었다. 중앙 건물 꼭대기에는 크다 주 알로르세타르에 있는 자히르 모스크를 본떠서 양파 같은 모자이크 무늬를 새긴 반질반질한 중앙 돔이 솟아 있었다. 작은 돔 네 개가 중앙 돔을 에워싼다. 보는 사람을 주눅 들게 하려고 만든 건물 같았다.

나는 한숨도 못 자고 아침 6시에 약속 장소에 나갔다. 정문이 아직 잠겨 있어서 그냥 계단에 앉아 기다렸다. 이 만남에 너무 많은 것이 달렸고, 총리가 파하민을 그다지 좋아하지 않는다는 점이 계속 마음에 걸렸다. 총리는 1981년에 부임했고 누구든, 무엇이든 모르는 게 없었다. 항공사 면허를 주겠다고 하면 내 꿈, 아니 우리의 꿈은 크게 도약할 것이다. 거절하면 물 밑으로 가라앉는다. 두려웠다. 코너는 맡은 일을 거의 마무리하고 이미 아일랜드에 돌아갔고 딘은 호주에 있었으므로 나와 아지즈, 파하민 그리고 우리 재무 관리자 체아밖에 없었다.

공무원으로 보이는 사람이 보내는 안쓰러운 눈길을 받으며 8시 30분쯤 마침내 건물에 들어갔다. 이런 질문을 한 걸 보면 아마 워너에서 근무하던 시절 나를 알아본 듯하다. "여긴 왜 오셨습니까? 음악 불법복제 건인가요?"

"아니오, 항공사를 시작하려고요." 내가 대답했다.

그는 비웃었지만 이미 그런 시선에는 무척 익숙했다. 아지즈가 나타났고 그 공무원은 계속 말했다. "날을 잘못 잡으셨군요. 총리님은 기분이 좋지 않으실 겁니다. 반대파 대표를 만나는 게 첫 일정이거든요."

내 심장은 더 내려앉았다. 약속을 다시 잡을 수도 없고 점점 불리해지는 느낌이었다. 하지만 우리 계획에 믿음이 있었기에 긍정적인 자세를 잃지 않았다.

파하민이 도착해서 꽤 심각해 보이고 검은 양복을 입은 사람들과 대화를 나누었다. 아지즈와 나는 그에게 다가갔다. 기분 좋아 보이는 얼굴은 아니었다.

"놀랄 노자로구먼. 총리께서 반대파를 만난 다음 들어간 사람들은 말레이시아 항공 담당자야. 80억 링깃[8] 규모 구조조정 관련 보고를 했다는군. 국적 항공사가 이렇게 심한 부진을 겪는데 새 항공사 허가에 관심이 있을까 싶어."

심장이 툭 떨어지는 듯했다. 프라이스워터하우스 쿠퍼스Pricewaterhouse Coopers[9]에 회계사 자리를 알아볼까 생각이 들었다. 총리 기분이 좋을 때라도 항공 산업 문외한에게 저비용항공사 설립 허가를 내줄 가능성은 희박하다. 앞선 두 미팅에서 기분이 저조해졌다면 우리에게 희망은 없었다.

드디어 우리가 알현할 차례가 왔다. 총리 사무실 문까지 걸어가는 길이 한없이 멀게만 느껴졌다. 안으로 들어가니 교장실에 들어간 초등학생이 된 기분이었다. 사무실 규모와 위압감, 그리고 총리에게 기가 눌

---

8) 링깃은 말레이시아 화폐로, 1링깃은 한화 약 276원이며 80억 링깃은 약 2조 2,113억원이다.

9) Pricewaterhouse Coopers: 영국 런던에 본사를 둔 다국적 회계컨설팅기업

려 공포를 느꼈다.

“빨리하지. 지긋지긋하군.” 총리가 툭 내뱉었다.

반대파에 이어 말레이시아 항공 관계자를 만나고, 세 번째 골칫거리 앞에서 그는 지겹다고 했다. 다시 프라이스워터하우스 쿠퍼스가 머릿속을 맴돌았다.

나는 아무것도 헛되지 않다는 강한 신념을 지니고 있다. 총리를 만나러 오기 전에 워너에서 마지막으로 제작했던 앨범을 챙겼다. 총리가 애착을 가졌던 말레이시아 필하모닉 오케스트라의 라이브 콘서트 앨범이었다.

“총리님, 시작하기 전에” 떨리는 목소리를 어떻게 하지도 못하고 말했다. “이걸 드려도 되겠습니까? 제가 워너에서 마지막으로 제작한 앨범입니다.”

분위기가 부드러워지긴 했지만 나는 발표를 해야 했다. 발표하는 동안 방안은 쥐죽은 듯 고요했다. 총리는 이따금 나를 쏘아봤고, 싱가포르 항공을 책임지고 눌러버리겠다고 했을 때 쓴웃음을 지었을 뿐이다. 발표를 끝내자 방은 다시 조용해졌다. 마침내 총리가 침묵을 깼다. “사업모델이 마음에 들어. 자네들도 그렇고. 성공하리라고 생각하네. 열정도 있고 그쪽 산업 출신이 아니니 오히려 유리할 거야.”

총리가 항공 산업에 나름의 식견이 있었던 게 도움이 됐다. 그는 라이언에어를 방문해서 더 기반이 잡힌 에어링구스와 어떻게 경쟁하고 있는지 살펴본 경험이 있다. 자신이 말레이시아 항공에 저비용항공사를 시작하라고 조언했다는 얘기를 해주었다. 말레이시아 항공은 그 말을 따르지 않았다.

"자네가 일을 잘한다면 말레이시아 항공 국내선을 전부 허가하지. 잘 되길 바라네."

순식간에 하늘을 나는 기분이 들었다. 황홀해졌고 마음이 놓였다.

"하지만," 총리가 입을 열자 내 가슴은 또 철렁 내려앉았다. "기존 항공사를 인수해야 하네. 이미 실패한 항공사가 이렇게 많은데 새로운 회사를 만들라고 허가할 순 없어."

우리는 원점으로 돌아와서 머릿속에 시커먼 구름이 잔뜩 낀 채 총리 사무실을 나왔다. 기존 항공사를 어떻게 찾아서 사들인단 말인가? 하지만 언제나 긍정주의자다운 면모를 잃지 않는 내가 말했다. "어디 한번 찾아보자." 이제 와서 포기하기엔 너무 먼 길을 왔다.

그 후 며칠 동안 살 만한 항공사를 찾아 쇼핑을 다녔다. 아지즈와 나는 펠랑기 항공이라는 회사를 발견했지만 만난 자리에서 이런 소리를 들었다. "4천만 달러를 주면 항공사를 정상궤도에 올려놓겠습니다." 펠랑기 항공 회계장부를 검토해보니 말도 안 되는 소리였다. 그 회사를 정상화할 수 있는 건 신밖에 없다.

우리는 정중하게 거절했다.

몇 주가 흘렀지만 조금의 진전도 없었고 나는 골프를 치러갔다. 골프장 그린 위에 서 있다가 말레이시아의 대표적 제조업체 DRB-하이콤에서 일하는 홍보 이사를 발견했다. DRB-하이콤에 에어아시아라는 소규모 항공사가 있다는 사실은 알았지만, 솔직히 에어아시아가 어떤 회사이고 무슨 항로를 보유했는지 정확한 건 아무것도 몰랐다. 그토록 절실한 상황에 부닥쳤으면서도 너무 보잘것없는 회사라서 구매 가능 목록에도 올리지 않았다. 그래도 그에게 다가가 말을 걸었다. "안녕하세요. 자회사에 항공사가 있다는 말을 들었어요."

"네, 뭐." 그가 코웃음을 쳤다. "사려고요?"

"네." 자신 있게 대답했다.

"내일이라도 가져가요. 우린 필요 없으니까."

나는 그날 밤 허겁지겁 에어아시아 관련 정보를 뒤졌다. 딘과 나는 질문지를 작성했고 에어아시아에 국내선 몇 개와 737-300s기 두 대, 직원 200명이 있다는 사실을 알아냈다. 에어아시아는 DRB-하이콤 설립자 탄 스리 야하야 아흐마드가 1995년에 말레이시아에서 말레이시아 항공 다음으로 큰 항공사가 되겠다는 목표로 설립한 항공사였다. 불행히도 1997년 그가 사망하면서 항공사를 키워보려던 꿈도 함께 날아갔다. 그 이후로 에어아시아는 DRB 회계장부의 짐일 뿐이었다. 2001년까지 말레이시아 항공에 총 4천만 달러 빚을 졌고 아무 성과도 내지 못했다.

딘과 나에게 에어아시아는 생명줄이었다. 다음날 DRB 부대표를 찾아갔더니 전혀 과장 없이 말해서 두 팔 벌려 환영해주었다.

"내일이라도 당장 가져가요. 얼마 내시겠습니까?"

"1링깃이요?" 나는 농담조로 물었다. 1링깃은 50센트 정도다.

"GECAS에 걸린 우리 회사 보증을 없애준다면 1링깃에 가져가도 좋습니다." 부대표가 제안했다. 그 말을 듣자마자 생각했다. '젠장, 그런 일을 해야 한다면 돈은 내가 받아야 할 판이다.'

작고 아무도 모르고, 아무도 관심 없는 항공사 에어아시아가 손을 뻗으면 닿을 만한 곳에 있었다. 우리가 GECAS를 설득해서 DRB-하이콤에 걸린 중요한 금융 제약을 풀어준다면 말이다.

회사 보증은 모회사보다 규모가 작은 자회사가 제삼자와 장기 협약을 맺을 때 모회사에서 제시하는 보증이다. 에어아시아의 경우 항공기 임대계약이 유효할 때 DRB-하이콤이 GECAS에게 임대료 지급을 보증한다. 그러니 에어아시아를 인수하려면 GECAS에 승인을 받아야 했다. GECAS는 에어아시아가 운영하는 항공기 두 대를 빌려준 임대료를 받을 수 있다는 보증이 필요하기 때문이다. 당연히 DRB-하이콤은 에어아시아를 매각하면서 지급 보증도 없애고, 항공 산업에서 깨끗이 손을 털고 싶어 했다.

거래를 마무리한 게 아니었다. GECAS가 비행기를 임대한 이유는 에어아시아가 DRB-하이콤 소유여서다. GECAS에서 왜 우리 계획에 동조하겠는가? 우리는 항공 산업에 경험이 없었고 자본도 없었다. 서류상 구미가 당길 만한 제안이 아니었다.

지난번에 소개받았던 GECAS의 마이크 존스에게 말했다. "저도 대학에서 투자 위험 관리를 배웠습니다. 다른 신용거래 지원자와 같은 선상에서 본다면 당연히 자격 미달이니 거절하시겠죠. 좋습니다. 하지만 제가 이 항공사를 정상 궤도에 올리면 엄청난 고객이 생기는 겁니다. GECAS에서 항공기를 천 대 정도 빌리거나 구매할지 누가 압니까. 한 번 위험을 감수해보십시오. 비행기 2천 대 중에 2대잖아요. 지금 에어아시아는 정체 상태입니다. 남은 계약 기간 동안 정해진 돈을 받겠지만 그 이상은 아니죠. 날 믿고 보증을 포기해요."

내가 에어아시아를 회복시키리라고 마이크가 완전히 믿었는지는 모르겠지만, 총리가 본 열정을 마이크도 본 듯하다. 그는 코네티컷 페어차일드에 있는 GE 캐피털 주요 임원 앞에서 똑같은 발표를 할 자리를 마련해주었다. 단 평소처럼 후줄근한 복장은 안 된다고 경고했다. 나는 그럴싸한 정장을 사고 철저하게 회의준비를 했다. 물론 임원실을 둘러보니 다들 청바지를 입고 있었다.

나는 다시 한 번 발표를 했고, 똑같은 의문을 반박했으며 마이크에게 전달했던 논지를 똑같이 내세웠다. 그리고 우대조건으로 지속적인 협력 관계를 위해 우리가 앞으로 임대할 항공기 중 첫 다섯 대에 우선권을 주겠다고 했다. 결국 GE 캐피털 임원진도 동의했다.

회사 보증은 사라졌고, 이제 1링깃에 에어아시아를 사들일 일만 남았다.

하지만 바람이 좀 잠잠해졌다 싶으면 곧 갑자기 다른 폭풍이 불어 닥친다. 2001년 9월 8일, 계약서에 서명하기 전날 밤 갑자기 에어아시아에 모파즈라는 또 다른 주주 회사가 있다는 소식을 들었다. 모파즈는 판매를 거부하고, 우리를 저지하려고 깜찍하게도 총리에게 호소했다.

다음 날 아침 결정을 앞두고 칼날 위에 선 것처럼 아슬아슬했다. 또다시 우리 미래가 총리 손에 달린 듯했다.

그날 밤 잠을 이루지 못했다. 손에 잡힐 거리에 항공사가 있었는데 놓쳐버릴 가능성이 아주 높았다. 고통스러운 기다림 끝에 총리가 모파즈의 요청을 물리치고 우리에게 진행해도 좋다고 허락했다. 이유는 몰랐고 깊이 생각하고 싶지도 않았으나 몇 달간 받은 스트레스가 엄청났다. 우리는 2001년 9월, 실사 협조 조건으로 계약서에 서명했다.

실사 조건을 포함한 것은 딘과 내가 현금을 구하려고 각자 집을 담보로 대출을 받았기 때문이다. 정말 모 아니면 도였다. DRB-하이콤은 최종승인을 위한 실사를 거부할 수도 있었지만, 그들이 비용을 부담하고 우리가 3개월간 실사를 진행하면서 항공사를 시험 운영하도록 허락했다.

DRB-하이콤은 마지막 순간에 에어아시아 지분 10%를 갖고 싶다는 의사를 비쳤고 딘이 지혜롭게 거절했다. 나는 선뜻 내줄 생각이었지만 딘은 그럴 경우 우리가 완전히 자유로울 수 없다고 판단했다. 그래서 우리가 일할 때 죽이 잘 맞는다. 내가 못 보는 것을 딘이 보고, 딘이 못 보는 것을 내가 본다.

인수 당시 에어아시아는 부채가 4천만 링깃(2천만 달러)이고 매월 약 4백만 링깃 적자를 본다고 했다. 인수조건으로 DRB-하이콤이 부채 절반을, 나머지 절반을 우리가 부담하기로 했다. 주요 채권자는 말레이시아 항공, 페트로나스 그리고 말레이시아 공항 홀딩스Malaysia Airports

Holdings였다. 나는 채권자를 하나하나 찾아가서 제때 부채를 상환하겠다고 약속했다. 우리 공급자가 우리를 믿고 존중하게 하려는 원칙 문제였다. 그 결과 부채 이자율을 줄일 수 있었으니 결국 이득이었다.

이제 항공사가 생겼으니 3개월 유예기간을 거쳐 정상화해야 했다. 몇 달 동안 스트레스에 시달린 다음이라 정말 감격스러웠다. 그동안 산업 전체가 어떻게 돌아가는지 조사하고 사업을 운영할 새로운 방법을 구상하면서 불가능해 보였던, 지금도 불가능해 보이는 시련을 극복하느라 믿기 어려울 정도로 힘들게 달려왔다. 다시 몸을 던져 실행에 옮기기 전에 잠깐 숨을 고르려고 했다.

계약서에 서명하고 단 이틀 후, 말레이시아 축구팀이 라오스에 지는 경기를 보는데 갑자기 휴대전화가 울렸다. 수신 메시지에 담긴 뉴스에 눈을 의심했다. 집으로 운전해 가서 블룸버그 뉴스를 틀고 쌍둥이 빌딩이 무너지는 모습을 목격했다. 현실 같지 않았고 시간이 멈춘 듯했다. 그 야만적 행위가 빚어낸 생각과 감정을 감당하려고 애쓰며 앉아 있었다. 창문 밖으로 사람들이 뛰어내리는 모습이 보였다. 생각지도 못했던, 쉽게 잊지 못할 장면이었다. 건물 안에 갇힌 사람, 이제 삶이 산산조각 날 가족, 그런 참극을 겪을 모든 이를 생각하니 가슴이 무너져 내렸다.

항공 산업에도 생각이 미쳤다. 우리 새 항공사가 수많은 문제를 목전에 두고 생존할 수 있을지 의심스러웠다.

나는 물론 전 세계가 충격에 빠졌지만 우리에겐 뭔가 새로운 도전을 시작할 기회가 있었고, 나는 항공 수요가 건재하리라고 강하게 믿었다.

그런 참극 앞에서 일을 계속하기가 쉽지는 않았지만 단 한순간도 못한다고 생각한 적은 없다.

9.11 사태로 받은 충격에서 나오려 할 때, 딘이 전화해 내게 물았다. "이 일을 계속해야 할까?"

"그럼, 여기까지 왔는데. 누군가 우리 편이 있을 거야. 상황이 정말, 지나치게 안 좋아 보이지만 그래도 페낭으로 날아가야 하는 사람들이 있잖아. 한번 해보자고. 사실 지금이야말로 사람들이 날아갈 수 있게 해줘야 해." 내가 대답했다.

누구나 날 수 있게 해주겠다는 꿈을 가지고 시작했고, 그게 우리 사명이라는 데는 변함이 없었다. 에어아시아에서 일하는 직원, 평소처럼 일하러 가야 할 미래 승객에게 빚진 느낌이 들었다. 우리가 구현하려는 사업 모델은 삶의 질을 높일 것이다. 거기에 집중해야 했다.

상상할 수 있는 모든 방면에서 미시 경제는 최악이었다. 유가는 천정부지로 치솟았고 승객들은 공포에 질렸다. 어느 모로 보나 지금 같은 시기에 항공사를 시작하는 건 세상에서 가장 어리석은 짓 같았다. 하지만 우리는 해야 한다.

그래서 멈추지 않았다.

9.11 사태가 발생하고 나흘 후, 처음으로 좋은 소식을 들었다. GECAS가 한 가지 제안을 했다.

당시 에어아시아가 보유한 737-300s기와 737-200s기를 교체하려던 참이었다. 300s기는 우리에겐 너무 비쌌다. 200s기는 더 작고 낡았고,

조정석 계기판이 전자식이 아니라 유압식인 부분이 남아 있어서 우리 조종사들이 미리 질겁했다.

GECAS에서 온 레이가 말했다. "9.11 때문에 항공기 임대율이 바닥을 쳤어요. 거래합시다. 737-300s기를 유지하시면 임대료를 반으로 줄여드리죠."

덕분에 우리 실적이 극적으로 개선됐다. 300s기에는 좌석이 20석 더 있어서 수익이 증가했고, 연비가 좋아서 연료비는 줄었으며 추력이 좋아서 비행시간이 줄어 비용이 감소했다. 코너 매카시와 나는 문자 메시지를 주고받으며 '세상에 정말 신이 있나 보다'라고 결론 내렸다. 라이언에어가 200s기로 시작했으니 우리도 그 전례를 따르면 괜찮겠다고 생각했지만, 300s기를 유지했던 게 신의 한 수였다. GECAS와 에어아시아는 그때부터 지금까지 아주 멋지게 협력하고 있다.

우리에겐 항공기(항공기 등록번호 9M-AAA, 9M-AAB)와 허가증, 직원, 물려받은 항로도 몇 군데 있었다. 모두 훌륭한 성과였지만 항공사를 운영하려면 돈이 필요했다. 툭 터놓고 말해서 우리 넷은 돈이 없었다. 딘과 나는 현금 마련을 위해 각자 집을 재저당 잡으려고 했다. 사업을 운영하려면 2천만 링깃이 필요하다고 보고, 내가 GECAS와 협의하느라 자리를 비운 동안 딘은 한 투자자를 통해 자금을 마련했다. 나는 그 투자자를 만난 적 없었지만 그는 우리 사업 아이디어를 믿고 자금을 내놓기로 했다. 계약이 체결되면 우리 파트너가 되어 회사의 50%를 소유한다. 이상적인 일은 아니었지만 다른 선택지가 없었다. 나는 쿠알라룸푸르에 있는 그의 사무실에서 우리가 지금까지 무슨 일을 했고 누구를 고용했는지, 앞으로 사업 계획은 무엇인지, GECAS와 항공기 운영을 어떻게 1차 협의했는지 설명했다.

설명을 반쯤 진행했을 때 투자자가 손을 들어 내 말을 멈추고 질문했다. "왜 이런 일을 전부 상의도 없이 진행했어요? 내가 당신 파트너잖아요."

나는 평소처럼 솔직하게 대답했다. "글쎄요, 어디 서명하지도 않았고 돈을 받은 것도 아니니까 아직은 아니죠."

기분을 상하게 하려는 의도는 없었다. 절대로. 하지만 좀 돌려서 말하는 편이 나았을 듯하다. 그는 무척 언짢아했다. 그때, 성공하고 부유한 사업가가 처음 만나는 자리에서 어떤 대접을 받고 싶어 하는지 깨달았다. 그런 사람은 자아가 지나치게 강해질 때가 있고, 원하는 대로 일이 진행되지 않게 누군가 끼어드는 걸 달가워하지 않는다.

내 생각엔 있는 그대로 말했을 뿐이지만 그는 내가 건방지다고 생각했다. 기면 기고 아니면 아니라는 내 사고방식 탓에 문제가 생기기도 했다. 나이가 들면서 조금은 현명해졌지만 그 과정에서 많은 사람의 기분을 상하게 했다. 사실 최근에 한 친구가 내 업무상 관계를 관찰하여 문자 메시지를 보냈다. '상대를 열 받게 하면서 한 수 가르치지… 그게 네 재능이야.'

솔직하고 단순한 성격 탓에 이번에도 문제가 생겼다. 하지만 나는 리더로서 말을 얼버무리거나 추측할 여지를 주기보다는 그 편이 낫다고 생각한다. 교묘하게 조종하려 들지 말고 명쾌한 리더십을 발휘해야 한다.

나는 그 자리를 떠나면서 딘에게 전화를 걸었다. "아무래도 내가 2천만 링깃을 날려 버렸나 봐."

그래서 다시 항공사를 운영할 자금이 없는 상태로 돌아왔다. 그 이야기를 들은 파하민은 그답게 비난하거나 화내지 않고 이렇게만 말했다. "토니, 자네 스타일을 고려하면 그게 최선이었을 거야. 자네와 딘이 뭔가 결정할 때마다 누구 검토를 받는다고 하면 상상이 안 되거든. 그렇게는 안 될 거야."

딘과 나는 이미 확보한 자금만으로 회사를 운영하기로 했다. 저비용 항공사를 운영하기로 했으니 우리가 역설한 바를 실천하고 쓸데없는 군더더기는 모조리 쳐내야 했다. 근근이 입에 풀칠하며 살아남아야 할 상황이었다.

앞서 말했지만, 어느 하나 쉬운 게 없었다.

계약서에 서명하고 나서, DRB-하이콤 사무실에서 기존 에어아시아 직원들을 만났다. 발표에 익숙하긴 했지만 주로 음악가나 밴드가 주제였지 항공사나 승객은 아니었다. 하지만 스스로 기업가가 될 배짱이 있다고 생각해본 적이 없어서 짜릿한 느낌이 들었다. 음악 회사를 운영했었는데 갑자기 항공사를 소유하다니. 고작 항공기 두 대가 전부였지만 그래도 항공사였다.

쿠알라룸푸르에 위치한 DRB-하이콤 본사 내 커다란 사무실로 갔다. 에어아시아 직원 서른 명에서 마흔 명 정도가 벽이며 창문가에 죽 늘어서 있었다. 정비사, 승무원, 조종사, 지상 조업사 모두 내게 의심스러운 눈길을 보냈다. 그들이 아는 건 내가 음악 업계에서 일하던 사람이고 말레이시아에서 저렴한 비용에 비행기를 탈 수 있게 하겠다는 대담한 생각을 가졌다는 사실뿐이었다.

내가 사업모델을 소개하자 직원들은 입을 꾹 다물고 들었다. 존경한다는 뜻인지 못 믿겠다는 뜻인지는 모르겠다. 설명이 끝나자 수석 정비사가 손을 들었다. "말레이시아 사람들은 서비스 받는 걸 당연하게 생각하고 좋아합니다. 군더더기를 빼는 게 과연 통하겠습니까?"

"요금이 충분히 저렴하면 통하리라 생각합니다. 그리고 우리도 서비스를 제공할 수 있어요. 라이언에어를 따라 하진 않을 겁니다. 승객에게 미소 짓는 데 돈이 들지는 않으니까요. 승객이 지켜야 할 규정과 규제를 만들겠지만 승객을 친절하게 대할 겁니다. 지금 말레이시아 항공이나 싱가포르 항공으로 여행하는 사람을 끌어들이려는 게 아니에요. 전에는 비행기를 타지 못했던 사람을 대상으로 새로운 시장을 만들 겁니다."

다시 침묵에 빠진 직원 가운데 한 승무원이 입을 열었다. "멋집니다. 언젠가는 말레이시아 항공보다 더 크게 성장하리라 믿어요. 당신이 쏟는 에너지와 열정을 듣는 것만으로도 감동적입니다. 우린 6년 동안 그런 태도를 접하지 못했어요. 이 일에 제가 일원이 될 수 있어서 정말 자랑스럽습니다."

그 순간, 온갖 고생을 한 보람이 있었다고 생각했다.

6. 드높이 날다

배경음악 첨바왐바Chumbawamba,

〈텁썸핑Tubthumping(맞아서 쓰러진다 해도)〉

사업을 처음 시작할 때, 도대체 무슨 일이 벌어질지 절대 예측할 수 없다. 아무 경험도 없으면서, 특히 9.11이라는 어두운 그림자가 드리워진 상황에서 항공사를 시작한다니 전혀 말도 안 되는 생각일 것이다. 하지만 에어아시아 초창기를 돌아보면 갑작스럽게 심각한 문제에 수없이 부딪히면서 어떻게 살아남았는지 감격스러울 정도다. 젊은 우리 회사는 시련이 닥칠 때마다 한층 강해졌고 오히려 그 모든 시련 덕분에 이 자리에 올 수 있었다고 확신한다.

직원들과 처음 만나는 자리에서 긍정적인 반응을 얻었지만, 두 번째 만남은 좀 달랐다. 우리가 인수할 당시 에어아시아의 항로는 하루 두 번 코타키나발루행, 하루 두 번 쿠칭행이었다. 다른 지역 착륙권을 보유했지만 항로는 그게 전부였다. 우리 사업 계획에 따르면 지상 근무단과 조종사가 항공기 사용률을 현재 6시간에서 12시간으로 두 배 끌어올려야 하고 적하소요시간(비행기가 탑승구에 도착해서 떠나기까지 걸리는 시간)을 25분으로 줄여야 했다. 설득이 어렵겠다고 걱정하며 방 안에 들어갔더니 조종사와 정비사가 모두 일어서서 경례했다. 당황스러웠지만 꽤 재미있었다. 내 경영 스타일을 모르는 게 확실했다.

"긴장들 풀고 앉으세요." 워너 스타일로 말했다. 내가 한 번도 경례를 받아본 적 없다면, 저쪽에서도 "긴장들 풀어요"라는 말을 들어본 적 없겠다는 확신이 들었다.

제안서를 소개하는데 조종사와 정비사가 거부감을 느끼는 눈치였다. 비행기 제동장치를 냉각할 시간이 충분할지, 무엇보다 비행을 두 배 소화해야 할 조종사 업무량을 걱정했다. GECAS가 더 나은 항공기 737-300s를 유지하게 해준 데 고마운 마음이 들었다. 200s기를 운영하면서 이런 제안을 했다면 많은 직원이 그 방을 떠났을 것이다.

그래도 직원들은 한번 해보자고 합심했다. 방을 떠나는데 지나가던 DRB-하이콤 임원들이 회의가 어땠는지 물었다. 항상 대답이 빠른 아지즈가 웃으며 말했다. "잘 진행됐어요. 직원들이 빨리 여길 뜨고 싶어 하던데요."

계약서에 최종 서명을 했고, 실사를 완료하면서 2001년 12월 8일 에어아시아를 인수했다. DRB 대표는 펜과 서류를 치우고 나를 바라보며 눈썹을 치켜 올렸다. 나는 좀 이상하다고 생각했지만 미소를 지었다. 그러자 그는 오른손을 들고 손바닥을 내밀며 말했다. "자, 그럼 이제 빚을 갚으시죠."

"네?"

"당신이랑 딘 말입니다. 저한테 1링깃 빚지셨잖아요."

나는 웃으며 지갑을 꺼냈다. 현금이 한 푼도 없었다. 딘을 바라보니 뒷주머니에서 지갑을 꺼내서 열어보고선 어깨를 으쓱했다.

"돈 좀 빌려주실래요? 둘 다 현금이 없네요."

웃음소리가 가라앉을 때쯤 대표가 지폐 한 장을 우리에게 주었고 우리는 격식을 갖춰 지폐를 돌려주었다. 그렇게 에어아시아 구매를 마무리했다. 딘이나 내가 그 돈을 갚은 기억이 없으니, 한 푼도 내지 않고 항공사를 사들인 셈이다.

그 순간부터 에어아시아 경영은 롤러코스터를 타듯, 그때까지 경험한 그 어떤 일보다 흥미진진하면서도 진 빠지는 일이었다. 우리는 정말 직감에 따라 행동했다. 직원들은 자기 일을 알아서 잘 처리했지만 우리 경영진은 전체 프로세스를 통합해서 운영해야 했고 자리 잡기까지는 시간이 걸릴 게 분명했다.

운 좋게도 우리는 중요한 의사결정을 통해 모든 직원을 단합했다. 12월에 전체 조직을 넘겨받았을 때 DRB-하이콤은 직원에게 약속한 보너스가 있다고 했다. 1백만 링깃이라는 보너스는 보유 현금을 전부 쓸어갈 만한 금액이어서 다시 외부 투자를 유치해야 할 상황이었다. DRB는 다시 한 번 협조해서 절반을 부담해주기로 했다. 그래도 현금 보유량은 안심할 정도는 아니었다. 지금까지 가장 오래 근무한 직원이자 에어아시아의 전설인 기장 친 씨는 당시 보너스를 지급하면서 그때까지 회의적이었던 직원을 우리 편으로 만들었다고 말했다. 보너스 지급을 연기하거나 그냥 취소하면 훨씬 쉬웠겠지만 딘과 나는 직원을 제대로 대접해야 한다고 믿었다. '직원이 곧 회사다'라는 주문은 지금도 에어아시아 기업문화에 강하게 깃들어 있다.

우리 항공기가 처음 이륙했을 때 나는 자랑스러움에 마음이 부풀었다. 햄스테드 히스의 오래된 술집 텔레비전에서 스텔리오스가 인터뷰하는 모습을 본 지 채 1년도 지나지 않았다. 이제 내 비행기가 이륙해서 하늘로 날아오르는 모습을 보고 있다.

하지만 이 조그만 항공사가 거대한 저비용항공사로 탈바꿈하려면 할 일이 태산이었고, 첫 비행을 축하하기는커녕 달력에 표시할 틈도 없이 일하러 가야 할 판이었다. 우리가 구상한 저비용항공사 모델을 곧바로 실행할 수는 없었다. 비행기를 개조하고 저비용항공사 운영 계획을 완전히 도입하기 전, 처음 몇 주 동안은 기존 항로와 구조에 의존했다. 비즈니스석을 완전히 없애버리고 기내 좌석 수를 124석에서 148석으로 늘리는 데 집중했다. 추가로 판매되는 좌석 하나하나의 의미가 컸으므로 에어아시아 운영권을 넘겨받은 그 날 나는 수방 공항 비즈니스 클래스 라운지에 자물쇠를 채우는 행사를 했다. 그 후 6개월에 걸쳐 비행기를 모두 개조했다.

우리 항공권 요금은 공격적일 정도로 낮았다. 코타키나발루행 항공권 가격은 보통 400링깃 수준이었지만 우리는 149.99링깃을 제시했다.

하지만 환급 불가 조건을 붙였다. 항공권이 그만큼 저렴했으므로 공항에 나타나고 안 나타나고는 승객의 몫으로 돌렸다. 당시 승객들은 비행기를 탈 수 없는 상황이니 환급해달라고 주장했지만 우리는 항공권 구매 후 48시간 내에 알리지 않으면 환급이 불가하다는 점을 분명히 했다. 48시간 이내에 알리면 그 항공권을 재판매에 부치고 해당 고객에게 다른 시간대 항공권을 발행해주기로 했다. 하지만 새 항공권이 더 비싸면 승객은 차액을 부담해야 한다. 항공권 변경 업무 자체에 관리비용이 발생하기도 했다.

몇 주 뒤, 첫 저가 비행 준비를 마쳤다. 비행기가 뜨기 전날 밤에 회의를 소집했다.

서로 온갖 질문을 하면서 검토한 다음 군더더기를 모조리 없애자는 목표를 재천명했다. 누구든 비용을 절감할 아이디어가 있다면 자유롭게 얘기하라고 했더니 한 승무원이 손을 들었다.

"이 사업모델에서는 기내에서 음식을 판매한다고 하셨죠?"

"네."

"그 음식은 어디에서 가져오나요?"

모두가 숨을 들이마셨다. 나는 주위를 둘러본 다음 외투를 집어 들고, 다섯 명에게 따라오라고 말했다. 차를 타고 가까운 까르푸에 갔다. 샌드위치와 음료수, 물을 잔뜩 쌓아 올리고 내 신용카드로 결제했다. 그리고 가져와서 비행기에 싣고 비행 준비를 마쳤다.

"저걸 얼마에 팔죠?"

"손해만 안 보면 상관없어요."

말했듯이 우리는 직감에 따라 행동했다. 빠르게 배우고 또 적응했다. 거의 모든 걸 빌리거나 대출을 받고, 물물교환하기도 했다. 훔치지는 않았지만 그럴 뻔했다. 한 조종사가 비행기 타이어 하나가 너무 낡았다고 지적했을 때였다. 우리 정비사는 경쟁 항공사에서 타이어 하나를 '빌려' 쓰고, 우리 타이어를 수리한 다음 바꿔놓자고 말했다. 제3자를 불러 검사했더니 다행히 그대로 사용해도 좋다고 했다.

에어아시아 초창기에 항공기단 관리 경력자 피터 타랄라가 합류했다. 항공 산업에서 인맥을 넓히던 차에, 항공기 조종사 피터를 알게 되었다. 사업 계획을 짜다보니 조종사가 부족했다. 기내 좌석 수를 바꾸겠다는 결심이 확고했지만 그러자면 연료가 얼마나 더 필요한지는 몰랐다. 나를 찾아온 피터와 대화해보니 장차 크게 도움될 사람이라는 생각이 들었다. 피터는 노련한 조종사였고 말레이시아 항공에서 항공기단 관리자로도 일했다.

피터는 모든 분야를 꿰고 있었다. 바로 내가 찾던 사람이었다. 수하물 처리나 적하소요시간, 연료에 대해 질문하면 피터는 척척 대답해주었다. 운영을 시작하자 자기 인맥을 이용해 부족한 부분을 메웠다. 특히 우리와 일하고 싶어 하는 지상 조업사를 소개해준 덕분에 장비 투자비용을 아낄 수 있었다. 딘의 형제가 보험 드는 일을 도와줬다. 승무원 훈련은 셀렉트 어비에이션에, 항공기 정비는 싱가포르 테크놀로지에 맡겼다. 현금을 최대한 아껴야 했으므로, 대금을 지급할 때 대출이나 할부가 가능하면 무조건 활용했다. 부수적인 수익원이 도움이 되기도 했다. 우리는 구 에어아시아에서 이슬람 성지 순례 기간 '하지' 여행상품 및 군사 항공 훈련 계약 등을 물려받았다.

하지는 물류 측면에서 아주 커다란 골칫거리였다. 2002년 2월, 약 20

일간 2만 명에 가까운 승객을 이송하면서 모든 승객이 5일 이내에 순례를 마무리하게 해줘야 했다. DRB-하이콤에서 넘겨받은 대단히 복잡한 계약이어서, 규모가 작고 경험 없는 우리 팀에게는 버거운 일이었다. 피터 타랄라가 프로젝트를 맡아서 닥치는 대로 자료를 찾아보고, 누구라도 조언을 해줄 사람이 있으면 물어가며 문제를 헤쳐 나갔고 이슬람 펀드 투자기관 타붕하지에 연락해서 모든 요건이 맞는지 확인했다. 일은 엄청나게 복잡했지만 매출이 2천만 링깃 발생해서 순익 6백만 링깃을 올렸으니 그만한 가치가 있었다. 그렇게 확보한 현금은 앞으로 몇 달을 버틸 운영자금으로 사용했다.

허겁지겁 까르푸에 달려간 일은 그만큼 우리가 무지하다는 증거였다. 앞날을 위해 처음부터 끝까지 전부 배우는 게 최선이라는 생각이 들었다. 첫날부터 수방에 있는 사무실에서 살다시피 하면서 지금도 실천하는 일과 하나를 시작했다. 항공사에서 하는 모든 일을 직접 해보는 것이다. 발로 뛰면서 일할 각오를 하지 않으면 진정한 CEO가 될 수 없다. 나는 회사가 어떻게 돌아가는지 모르는 CEO가 많다고 생각한다. 두 다리, 세 다리 건너 정보를 받아서 잘못된 의사결정을 내린다. 그래서 모든 걸 배우기로 했다. 비행기 조종법을 배우러 모의 비행 장치를 사용했다. 비행기 바퀴 가는 법을 배웠고 엔진을 속속들이 공부했다. 승무원이 되어 탑승 수속을 했고(가장 힘들었다) 짐을 날랐다. 그러면서 아주 많은 것을 배웠고 회사 분위기에도 큰 변화를 가져왔다.

직원과 함께 업무를 배우면 직접 문제에 귀를 기울이고 권한을 동원해서 의사결정을 내릴 수 있다. 직원들이 일 얘기를 할 때 끼어드는 것도 가능하다. 화물 적재를 해보니, 짐 2톤을 내리고 나서 다시 2톤을 비행기에 실어야 했다. 몸에 무리가 가는 일이었다.

처음 승무원 업무를 하면서 캐번디시에서 일했던 기억이 떠올랐다. 승무원을 보면 새벽 4시나 5시에 일어났으리라고 생각하기 힘들다. 근무시간 동안 5~6회 비행을 하면서 식사 시중을 들고, 비행이 끝나면 적하소요시간 25분 동안 비행기를 청소하고 탑승을 관리한다. 그 와중에 항상 웃으며 친절하게 응대하고, 수많은 질문과 다양한 불만을 처리하며 항공사의 얼굴마담 노릇을 해야 한다. 쉬운 일이 아닌 건 물론이고 다들 엄청 힘들게 일한다. 나는 미소 띤 얼굴로 음식 카트를 밀며 시중을 들면서 제법 잘하고 있다고 생각했다. 한 남자가 콜라 한 캔을 달라고 했다. 고개를 끄덕이고 웃으며 재빨리 캔을 집어 들고 따려고 하자 카트 맞은편 동료가 손사래를 쳤다.

"따지 마세요!"

살짝 화난 목소리 같아서 그쪽을 쳐다봤다가 무시하고 승객에게 캔을 건넸다. 가격을 안다는 걸 내심 자랑스럽게 생각하며 말했다. "3링깃입니다."

남자는 겁먹은 눈으로 나를 쳐다보며 콜라 캔을 돌려줬다. 공짜인 줄 알았기 때문이다.

이런 일화는 빙산의 일각에 불과하다. 고객 응대는 결코 쉽지 않다. 사실 항공사를 운영하면서 가장 어려운 일이 고객 응대인데, 특히 저예

산으로 여행하는 승객은 어떻게든 손해를 보지 않으려고 하므로 두 배는 더 어렵다. '군더더기 없다'는 말 그대로 '군더더기 없다'는 뜻이다. 우리 비행기를 타면 훌륭한 서비스를 공짜로 받겠지만 요금이 낮은 만큼 그 밖의 모든 서비스는 청구 대상이다.

에어아시아는 노조가 없는 기업, 특히 노조 없는 항공사 가운데 규모가 무척 큰 편이다. 법규와는 상관없다. 말레이시아 항공에는 노조가 40개 존재한다. 에어아시아 직원은 사내에서 아주 활발하게 대화하므로 굳이 외부에 내세울 대표가 필요 없다. 내부 네트워크를 통해 교류가 일어나기도 하지만, 내가 직접 현장에서 발로 뛰는 덕분이기도 하다.

몇 년이 지나고 항공기단을 에어버스로 업그레이드했을 때 수하물 운반 담당자 사이에 문제가 생겼다. 원래 737s기 짐칸에 수하물을 던졌는데 에어버스 짐칸은 737s기보다 몇 센티미터 더 높았다. 일꾼들이 나를 찾아와서, 몸에 너무 무리가 가니까 수하물 탑재 장비가 필요하다고 했다. 당시 그 비용을 감당하기가 어려워서 안 된다고 대답했다. 얼마 지나지 않아 수하물 담당자와 일할 차례가 왔고 인도네시아 항로에 배치받았다. 우리 항공을 이용하는 승객은 거의 집 한 채에 육박하는 짐을 싸 오는데, 인도네시아에 가는 승객은 이웃집까지 짐에 꾸려온 모양이었다. 결국 짐 수백 개를 짐칸에 던져 넣다가 허리가 부서지는 줄 알았다. 그날 일이 끝날 무렵, 함께 일한 일꾼들에게 말했다. "좋아요, 사실이었군요. 여러분 말이 맞았어요. 내가 틀렸습니다. 내일 이 문제를 처리하죠."

나는 바로 다음날 수하물 탑재 장비를 주문했다.

그렇게 처리하지 않았더라면, 직접 현장에 가서 일하지 않았더라면 많은 사람의 허리를 망가뜨렸을 테고 불필요한 분노를 사서 노조가 생겼을지도 모른다. 최근 우리 조종사에게 듣기로는 말레이시아 항공 조종사들이 에어아시아 조종사들에게 접근해서 자기 노조에 가입하라고 꾀었다고 한다. 하지만 우리 조종사들은 이렇게 말했다. "왜? 토니에게 할 얘기가 있으면 그냥 전화하면 되는데? 우린 직접 얘기해서 해결하거든. 그게 낫잖아."

현장에서 온갖 일을 경험하고 본사 사무실을 돌아다니는 건 내 업무에서 아주 중요한 부분이었다. 경영자로서 우리 직원을 이해하고 그들이 하는 일과 불만, 두려움이 무엇인지 알아내며 존경을 받으려면 그 방법밖에 없다고 생각한다. 모든 일을 다 해본 덕분에 지금까지 그 누구보다 회사의 면면을 잘 안다. 어떤 보고서나 엑셀, 인터뷰도 직접 해보고 얻은 지식을 대체하지 못한다. 나는 모든 경영진과 주로 사무실에서 근무하는 직원에게 고객이나 최전방에서 일하는 직원을 계속 접할 수 있게 최대한 비행기를 많이 타라고 한다.

막힘이나 제한 없이 계속 의사소통하는 데도 도움이 된다. 작년쯤, 한 승무원이 도둑질하다 발각됐다. 회사에서 적절하게 조치했지만 그녀는 내게 직접 문자 메시지를 보내서 사과하고 다시 기회를 달라고 했다. 직원들이 이 정도로 내게 편하게 접근할 수 있다면 인사부서 7개 못지않은 가치가 있다고 생각한다.

2017년 태국 푸껫에서 임원 회의를 했을 때, 노트북만 들여다보거나 회의실에 숨어 있지 말라고 잔소리 했다. 회사가 성장할수록 누구나 나서서 누구에게나 의견을 말하고, 일상 업무를 제대로 파악하는 게 대단히 중요하다. 매일 온종일 끝없이 회의만 계획하는 순간, 진짜 해야 할 일이 무엇인지 감을 잃기 시작한다. 우리가 정말 해야 할 일은 세계 최고의 저비용항공사로 발돋움하는 일이다. 그런 목표를 잃으면 위대한 기업문화는 쇠퇴하고 죽어가기 마련이다.

조직에서 불만을 일으키는 주요 요인 두 가지는 개인 사무실과 직함이다. 나는 오랫동안 명함에서 직함을 빼버리고 싶었다. 역할보다 직함을 강조하는 데다 회사에서 무슨 일을 하는지 대화할 기회를 차단해서다. 자기가 하는 일을 직함으로 규정하기보다는 직접 설명하는 편이 훨씬 낫다.

개인 사무실은 아주 끔찍한 곳이다. 나는 제일 먼저 업자를 고용해 에어아시아 사무실에서 칸막이를 없애버렸다. 사무실을 두고 이러쿵저러쿵할 일이 없어지면 모두 자기 일에만 집중하고 아무개는 사무실이 있느니 아무개 사무실이 더 크느니 스트레스 받지 않아도 된다. 쿠알라룸푸르 국제공항에 위치했고 직원과 함께 디자인한 새 본사(레드 큐라고 부른다)에는 개인 사무실이 없다. 유리벽을 세운 회의실을 제외하면 온통 개방된 공간이다. 벽돌로 된 벽이 없는 공간이 중요하다. 그러면 사람들이 자유롭게 이야기를 나누고, 사무실 내에서 시샘할 일도 없어진다.

전 직원을 한데 모으는 용단을 내리기도 했다. 직원들은 원래 교류가 없다시피 했다. 조종사는 조종사끼리, 정비사는 정비사끼리, 승무원은 승무원끼리 대화했다. 서로 도울 수 있을 텐데 이렇게 분리되어 있으면 회사에 해롭다고 생각해서 자주 파티를 열었다. 모두 예산 없이 진행된 파티였지만 서로 유대를 쌓는 데 큰 도움이 됐다.

말레이시아 항공이나 싱가포르 항공과 겨룰 만한 자금력은 없었지만, 우리 문화와 작은 몸집, 민첩함이야말로 가장 큰 무기라고 생각했다. 우리는 어떤 일을 하든 '옳은' 방법에 대한 선입견이 없었다. 더 나은 방법이 뭔지 모르니 그냥 내키는 대로 휘저어볼 수 있었다.

통합을 지향하는 기업문화, 다양한 국적을 지닌 가지각색 직원 구성은 내 어린 시절 도서 경험과 미국, 호주 여행과 관계가 깊다. 태국 에어아시아를 시작할 무렵 경영자가 계속 지시하는데도 태국 조종사들은 승무원들과 비행기 견학을 하지 않았다. 나는 에어아시아가 어떻게 일하는지 태국인들에게 보여주려고 말레이시아 조종사와 승무원을 12명씩 태국에 데려와 모두 함께 버스를 타게 했다. 2년도 채 지나지 않아 태국 에어아시아에서 말레이시아–태국 커플 두 쌍이 결혼했다.

우리는 에어아시아와 말레이시아 항공이 근본적으로 다윗과 골리앗이라는 사실을 잊지 않았다. 말레이시아 항공은 정부와 주주 소유였으므로 우리 눈에는 엄청나게 부유한 회사로 비쳤다. 에어아시아 비행기는 2대였지만 말레이시아 항공은 120대를 보유했고 우리 표적 시장인 국내선을 사실상 독점했다고 해도 과언이 아니었다. 그러니 우리가 나아지려면 더 혁신을 이루고, 가격과 고객 서비스 측면에서 탁월한 가치를 제공하며 변하는 시장 환경에 훨씬 빠르게 대응하는 방법뿐이었다.

우리는 신생 회사였기 때문에 영향력이 작았고 그래서 파괴를 선택할 수밖에 없었다. 지금은 파괴라는 단어가 좀 상투적인 표현 같지만 2001년에는 꽤 신선한 개념이었다. 우리는 정면으로 경쟁하지 않고 다른 방식으로 일하면서 시장의 형태를 바꿨다. 흔히 파괴는 파멸을 불러온다고 오해하지만 그렇지 않다. 파괴는 창조적이다. 이런 시각은 《블루오션 전략》이라는 책에서 영향을 받았다. 우리는 말레이시아 항공 시장에 진입해서 경쟁자를 공격하여 기존 영역을 빼앗으려 하지 않았다. 대신 새로운 길을 물색했고, 시장에서 첫 주인이 될 새로운 영역을 창조했다. 이제 나머지 주자는 우리를 따라잡으려고 애써야 한다. 파괴는 경쟁자를 파멸시키는 게 아니라, 내게 유리하게 시장을 바꾸는 행위다.

2002년 2월, 항공사 경영이 개선되었고 우리가 벌어들인 현금으로 생존한 것은 물론 부채를 조금씩 갚기까지 했다. 그러다 비행기 한 대가(9M-AAB) 새에 치여서 엔진을 수리하는 동안 띄울 수 없는 상황이 벌어졌다. 그 비행기는 새와 충돌하던 밤 쿠칭으로 가던 중이었고 담당 기장은 회사에서도 경험이 아주 많은 조종사이자 운항 본부 신임 이사 에이드리언 젠킨스였다. 에이드리언은 정비사가 보고서를 제출하자마자 내게 전화했다. 도저히 믿기지 않았다. 이런 문제는 금시초문이었다. 비행기 엔진에 부딪힐 정도로 멍청한 새가 있다고? 곧 결과가 나타났다. 그 항공기는 엔진을 수리할 동안 11일간 운항 정지되었다. 사실상 우리 항공기단이 반으로 줄어든다는 뜻이었다. 영국항공이나 라이언에어에 그런 일이 일어난다면 어떨까. 우리는 규모가 훨씬 작았지만 상대적으로 받을 재무 영향은 다르지 않았다.

그때 내 대응이 직원 사기에 큰 영향을 주었다는 말을 들었다. 우선, 기겁하지 않았다. 가장 먼저 승객과 직원이 모두 괜찮은지 확인했다. 소리를 지르거나 허둥지둥하거나, 누군가를 비난하지 않고 안전히 최우선이라는 점을 보여주어 직원들은 감동했다. 그런 다음 모두 한자리에 모아 이렇게 말했다. "적하소요시간 목표가 지금은 25분이지만 이제 20분으로 만들어야 합니다." 9M-AAA기는 11일 동안 24시간 하늘을 날았고 우리는 단 한 번도 비행을 취소하지 않았다. 연착된 적은 있었지만 승객의 항공권을 지키기 위해 득달같이 달려들어 일을 해치웠다. 엔진 수리가 끝날 무렵, 우리는 누구나 하늘을 날게 하겠다는 사명에 얼마나 헌신하고 있는지 보여줬다.

그때 에어아시아에서 일한 사람이라면 그 사건이 얼마나 큰 의미인지 알 테고, 나는 진심으로 그 사건이 우리 회사를 만들었다고 생각한다. 고객뿐만 아니라 직원의 눈으로 봐도 그렇다. 그런 시험에 들었다가 헤쳐 나오는 과정에서 믿기 어려울 만큼 강한 문화와 신뢰가 형성된다. 또한 신생 회사에 엄청난 자신감을 불어넣기도 한다. 사람들은 믿기 어려운 것을 믿기 시작했다. 이 터무니없는 아이디어에 뭔가 있고, 우리가 정말 해낼 수 있을지도 모른다고. 그리고 현실적인 측면에서 보면 조종사와 정비사들은 적하소요시간 25분이 가능할 뿐만 아니라 심지어 그 목표를 넘어설 수도 있음을 체험했다.

이 위기에 부딪혀 휘청거린 지 얼마 지나지 않아, 회사에 치명타가 될지도 모르는 또 다른 문제에 맞닥뜨렸다. 9M-AAB기를 수리를 끝내고 2월 말 중국 춘절이 다가왔다. 1년 전 스탠스테드 공항에서 코너와 나는 건당 7% 수수료를 받는 여행사를 배제하고 인터넷으로 항공권을 판매하는 방식을 상의했다. 하지만 그 무렵에는 아직 구 에어아시아의 판매 시스템을 그대로 사용 중이었고, 1년 전 계획처럼 고객이 인터넷으로 직접 항공권을 예약하는 시스템으로 전환하기 전이었다(라이언에어는 '오픈 스카이'라는 시스템을 사용한다고 코너가 언급했지만 새에 부딪히는 사건 등 골칫거리가 너무 많아서 자세히 살펴볼 여유가 없었다). 춘절이 다가오면서 엄청난 판매 실적 보고서가 올라왔다. 2월 말 기준 좌석이 6만 5천 개 판매되었고 그때까지 몇 달 남지 않은 시점이었다. 좌석 이용률이 85%를 바라보고 있었다. 그 현금으로 투자해서 더 발전하고 싶었다.

하지만 수수료뿐만 아니라 여행사의 역할 자체가 좀 걱정스러웠다. 말레이시아 항공이 전체 여행사 네트워크를 꽉 쥐고 있는 분위기였기 때문이다. 말레이시아 항공이 항로도, 비행기도, 수용력도 그리고 영향력도 더 막강했다. 실제로 그렇다는 증거는 없었지만 여행사가 말레이시아 항공 외에 다른 표를 팔기 시작하면 말레이시아 항공에서 그 여행사와 거래를 중단하면 어쩌나 진심으로 걱정했다.

이런 배경을 뒤로하고 춘절 전날이 되었는데, 일일 좌석 이용률 보고서에서 갑자기 좌석 2만 5천 개가 사라졌다. 무슨 일이 일어났는지 확인한 뒤 정말 오랜만에 엄청나게 화가 치밀었다. 누군가 좌석을 사려고 하면 곧바로 팔 수 있게 여행사에서 일단 좌석을 '구매 완료'로 표시한 듯했다. 누가 사갈지도 모르니 그렇게 효과적으로 내 모든 '재고'를 확보한 것이다. 여행사는 항공권이 판매되지 않으면 우리에게 반납했다. 그렇게 떠안은 항공권 2만 5천 장을 판매할 도리가 없었고 다시 위기 모드에 돌입했다.

나는 곧바로 코너에게 전화했다. "나비테어(인터넷 예약 시스템 '오픈 스카이'를 소유한 회사) 대표를 연결해줘요. 내일 미네소타 미니애폴리스로 갈 겁니다." 그렇게 도착해서 며칠 만에 계약을 맺었고 한 달 이내에 시스템을 설치했다.

여행사 사건을 겪고 나서, 딘과 나는 우리 사업모델을 제대로 구현하려면 비용 절감에 얼마나 집중해야 하는지 절실하게 깨달았다. 이 무렵 계약서 항목을 하나하나 들여다보며 얼마나 돈을 짜낼 수 있을지 살피고, 모든 비용과 이익 항목을 철저히 파고들면서 '비용이 왕이다'라는 강령이 생겼다. 예를 들어, 한 회사에서 좌석 머리 받침대에 TV 패널을 설치하자고 제안했다. 그 회사는 기곗값과 설치비용을 부담할 테니 광고 수익을 나누자고 했다. 지극히 우리에게 유리한 제안 같았지만 딘과 나는 심사숙고한 끝에 세 가지 이유로 거절했다. 첫째, 스크린을 부착하면 비행기 무게가 더해져서 연료비용도 오를 것이다. 둘째, 비행기 배선이 복잡해지고 추가적인 고장 원인이 될 수 있다. 마지막으로 우리 승무원이 직접 승객에게 물건을 팔아야 했다(승객이 TV를 보고 있으면 구매가 줄어든다). 그렇게 인정사정없이 비용을 줄였고 지독할 정도로 우리 사업

모델을 고수했다.

그리고 사업모델 자체가 큰 파문을 일으켰다. 9.99링깃짜리 코타키나발루행 항공권이 처음 광고에 나가자 온 나라가 들썩거렸다. 얼마나 전화가 많이 왔는지 주 전화 교환대가 과열되어 말 그대로 전화기에 불이 났고, 결국 공항으로 사람들이 우르르 몰려들었다. 그 난리를 치르고 난 뒤에 접수를 체계화하려고 번호표 발급기를 설치했다.

우리 생각대로 일이 흘러가기 시작했다. 세 번째 비행기로 구 아프리크 항공에서 사용했던 737기를 구매했고 인수하기 전에 미리 우리 회사를 상징하는 붉은색으로 칠했다. 기존 에어아시아 비행기 두 대는 지상에서 페인트칠할 시간이 없어서 아직 예전 색깔 그대로였다. 그래서 9M-AAC기가 새로운 에어아시아 브랜드를 상징하는 빨간색으로 단장하고 수방 공항에 들어오던 순간이 무척 뜻 깊었다. 비행기가 들어오는 동안 우리 모두 전망대에 서 있었고 나는 타파웨어 출장을 마치고 돌아오는 어머니를 기다리던 때를 떠올렸다. 비행기가 착륙하는 모습을 보니 심장이 멎는 듯했다. 승무원 안드레아 핀토가 울음을 터뜨렸다. 안드레아는 나를 돌아보며 말했다. "5년 동안 세 번째 비행기를 기다렸는데, 회장님이 회사를 맡고 3개월 만에 비행기가 생겼어요!"

직원들이 에어아시아의 발전을 얼마나 간절히 원했는지, 예전 회사에서 발전이 없었던 데 얼마나 실망했는지 내가 과소평가했다. 안드레아의 자부심과 야망에 내 마음이 일렁였다.

지난 9월 DRB-하이콤과 계약서에 서명했을 때, 에어아시아가 계속 수방 공항을 출발지로 사용해도 좋은지 정부에 문의했다. 나는 비행을 향한 애정이 시작된 공항을 내 항공사의 근거지로 삼는 데 큰 의미를 뒀다. 하지만 최근 쿠알라룸푸르 국제공항이 건설되었고 그곳으로 조직을 재배치하라는 강한 압력을 받았다. 오랫동안 힘겹게 싸웠지만, 정부는 양보하지 않았고 몇 달 후 강제로 56km 떨어진 쿠알라룸푸르 국제공항으로 근거지를 옮겼다. 우리 사무실은 보안 검색대 뒤로 터미널에서 지저분한 길을 20분 걸어가면 보이는 공항 주기장 바로 아래쪽이었다. 내가 싱가포르에서 꾀어온 캐스린 탄은 명품 구두를 신고 기름이며 진흙, 쓰레기 더미 사이를 지나서 출근해야 한다는 사실에 경악했다. 워너 뮤직에서 일등석이나 제트기를 타고 다니던 시절과는 거리가 멀었고, 고급스러운 최신 유행을 따르는 직장에서 일했던 캐스린은 모든 시설이 아주 단순한 데 놀랐다.

새 비행기가 생긴 우리는 조직을 확장했다. 말레이시아에서 제일가는 산업과 문화 요지인 페낭 공항으로 항공편을 4개 증설했고 그밖에도 많은 도착지를 물색했다. 처음에는 페낭행 좌석 이용률이 낮았지만 여러 번 시행착오를 거쳐서 조정하고 진전을 이뤘다.

에어아시아를 시작할 무렵, 서민들은 비행기를 타지 않았다. 전체 인구의 10%에서 15% 정도 소수 인원이 말레이시아 항공이나 싱가포르 항공을 주로 사용했으나, 나머지 사람들은 비행기를 탄다는 생각조차 못했다. 에어아시아는 새로운 승객으로 구성된 시장을 창조했지만 비행기를 말 그대로 처음 타다 보니 무엇을 어떻게 해야 하는지 모르는 사람이 많았다.

워너에서 데려온 또 한 사람, 운영 이사 보 링감이 흥미로운 이야기를 들려줬다. 보가 저녁 5시쯤 수방 공항 출국 게이트 안쪽 편에 있는 좌석 구역을 걷는데 나이든 부부가 여행 가방을 끌고 '대기실'이라는 곳에 앉아 있었다. 보는 아무 생각 없이 직원과 지상 근무자를 체크하며 일과를 마무리했다. 몇 시간 후 다시 걸어가는데 그 부부가 여전히 짐과 함께 그 자리에 있었다. 그 시간에 공항에 남은 항공사 직원은 에어아시아뿐이었고 모두 쿠알라룸푸르 국제공항으로 옮겨간 터라, 보는 부부에게 물었다. "괜찮으십니까? 누구 기다리시나요?"

"아뇨, 비행기 기다려요."

"출발시각이 언제죠?"

"잘 모르겠어요, 그냥 여기서 기다리는 중이에요……."

알고 보니 그 항공편은 오전 7시에 떠났다. 노부부는 항공권을 구매하고 공항에 와서, 버스 정류장에 버스가 오듯 비행기가 나타나서 데려가리라 생각하고 대기실에 앉아 기다렸던 것이다.

물론 보는 다음 항공편을 이용할 수 있게 처리하고 부부에게 어떻게 해야 하는지 알려줬다. 이런 일이 거의 매일 생기는 바람에, 결국 만화가에게 의뢰해 터미널 문을 열고 들어가서 비행기 좌석에 앉을 때까지 길을 찾는 방법을 만화로 그렸다. 새 시장을 창출해서 새로운 여행 방법을 제시할 뿐 아니라 수많은 사람에게 비행기 타는 방법을 교육까지 했다.

"이제 누구나 날 수 있다"는 에어아시아 초기에 생각해낸 슬로건이다. 좋은 아이디어가 항상 그렇듯, 아침에 샤워하면서 이 새로운 시장에서 우리의 '제안'이 어디가 그렇게 특별한지, 기존 항공사보다 두드러질 수 있었던 이유가 무엇인지 생각하다 보니 그 슬로건이 떠올랐다. 단순하고 대담한 표현에 마음이 끌렸다. 어쨌든 우리가 내놓는 요금에 사실 누구도 왈가왈부하지 못했다. 이런저런 생각이 밀려들자 우리가 정말 약속을 잘 지키고 있다는 실감이 들었다.

새와 충돌한 사건을 계기로 에너지를 얻어 2002년 동안 힘차게 앞으로 나아갔고 그해 비행기 세 대를 추가했다. 7개월 만에 우리 몫의 빚 4천만 링깃을 갚아치웠다. 또 한 번 진전을 이룬다는 느낌이 들었다. 새 항로를 추가하고 계속 확장해나갔다.

2002년 11월, 우리가 꽤 탄탄한 기반을 세웠다고 생각했다. 그런 생각이 들 때 걱정거리가 생긴다는 걸 알았어야 했다. 비행기는 총 여섯 대였고 여객 수송률은 증가했으며 새 항로를 협의했다. 에어아시아 직원은 충직했고 겸손하게 헌신했다. 이 시점에 나는 직원을 '올스타'라고 부르기로 했다. 당연히 그럴 자격이 있었다. 나는 태국, 싱가포르, 인도네시아 같은 국제 항로를 비행하고 싶은 생각이 들었고 동남아시아를 우리 항공사에 개방하고 싶었다. 하지만 아버지 직장이었던 WHO 생각은 달랐다. 정확히 말하면 WHO는 동남아시아 지역에 사스라는 새 전염병이 돌고 있다고 발표했고 항공 산업은 혼란에 빠졌다.

사스(중증 급성 호흡기 중후군Sever Acute Respiratory Syndrome)는 2002년 말

중국에서 처음 발견됐고 2003년 2월 WHO에서 그 사실을 공표했다. 사람 사이에서 전염되는 질병으로 감염된 사람이 기침이나 재채기를 하면 콧물이나 침이 튀면서 주로 감염된다. 밀폐된 항공기 기내에 모이는 건 최악의 상황이다. 가장 좋은 예방법은 감염된 사람이 비행기에 타지 않게 막는 것이다. 전 세계 매체가 광기를 부렸다. 사스는 신문 1면을 장식했고 TV 뉴스에 끊이지 않고 출연했다. 동남아시아에서 수많은 항공사가 영업과 광고를 축소하며 뒤로 물러났다.

나는 반대의 길을 가야 한다고 생각했다. WHO와 동남아시아 지역 정부가 전염을 막는 조치를 하고 있었고 그 일은 분명 우리 몫이 아니었다. 위기가 닥치면 기회가 늘어나고 메워야 할 빈자리가 생기므로 더 공격적으로 나가야 한다고 생각했다. 마케팅과 재무 부서에 광고를 세 배로 늘리라고 말했다. 재무 관리자라면 대부분 위기상황에서 브랜드 광고를 축소하겠지만, 사실 그건 최악의 선택이다.

반응은 예상대로였다. "미쳤어요? 지금은 아무도 비행기 안 타요!"

"날 믿어요." 내가 말했다. "난 말레이시아 사람들을 알아요. 요금이 충분히 저렴하면 어떤 위험이 있든 비행기를 탈 겁니다. 죽을지도 모른다는 생각이 들면 아무도 400링깃에 코타키나발루로 가려 하지 않겠지만, 40링깃을 부르면 상관 안 할 거예요!"

우리는 잇달아 광고를 내보냈고 대단한 반응이 돌아왔다. 위기가 잦아들자 에어아시아는 더 커지고 강해졌으며, 어떤 상황에서도 영업을 지속한 항공사라는 명성을 얻었다. 비행기를 타야 할 상황은 항상 생기기 마련이니, 에어아시아가 고객을 돕기 위해 자리를 지킨다는 사실을 사람들이 알아주길 바랐다. 우리 슬로건도 바로 그 점을 약속했다.

그렇게 9.11, 새와의 충돌, 사스 사태를 무사히 헤쳐 나갔다. 에어아시아를 인수하고 처음 18개월은 탄력성과 사업모델, 기업문화를 시험하는 기간이었다. 나는 우리가 우수한 성적으로 합격했다고 생각한다. 2003년 말 항공기 보유 대수는 열세 대로 늘어났다.

태국 총리 탁신 친나왓의 보좌관에게 걸려온 전화는 우리 명성이 높아졌다는 증거였다. 총리 보좌관은 에어아시아가 하는 일에 깊은 인상을 받았으며 태국에서도 저비용항공사를 시작하고 싶다고 말했다. 우리 브랜드와 네트워크를 구축할 기회로 보고 재빨리 달려들었다. 태국에어아시아를 설립하기 위해 신 코퍼레이션Shin Corporation과 협력했고 예전 워너 동료 타싸폰 비즈레벨드를 항공사 대표로 내세웠다. 타싸폰이 새 항공사를 일으키는 걸 돕도록 보 링감을 보냈다. 우리가 얼마나 성공했는지 보여주는 듯했다.

2004년 1월, 동남아시아 지역이 겨우 사스 여파에서 벗어날 무렵 베트남과 태국에서 새로운 유형의 조류인플루엔자가 출현했다는 보고가 나오기 시작했고 몇 주 안에 추가로 열두 국가에서 조류인플루엔자가 보고됐다. 또다시 우리가 통제할 수 없는 세계적 위기가 닥쳤다. 수많은 항공사가 공황상태에 빠졌지만 나는 이번에도 다른 이가 물러난다면 우리는 확대해야 한다는 자세를 취했다.

2004년에 기업공개 계획을 발표했지만 아무도 관심을 보이지 않았다. 나는 은행마다 문을 두드렸지만 모조리 퇴짜를 맞았다. 하지만 크레디 스위스가 우리 영업이 확대될 가능성에 주목하면서 상황은 바뀌었다. 내가 조만간 말레이시아 항공의 국내선을 장악할지도 모른다고 넌지시 알려준 게 효과가 있었다. 절차가 마무리될 때쯤 에어아시아의 기업 가치는 1억 달러에 달했다. 출발점을 생각하면 엄청난 숫자였고 주식 30%를 여러 투자자에게 판매하여 다음 단계로 나아갈 수 있었다. 첫 비행 이후 그때까지 보유한 현금만으로 운영하다가, 현금이 들어오자 큰 변화가 일어났다.

초창기에는 기술을 활용하는 게 매우 중요했다. 판매하는 표 하나하나 이익을 극대화하기 위해, 업계에서도 꽤 이른 시기부터 온라인으로 항공권을 판매했으므로 여행사를 통할 필요가 없었고 수수료를 내지 않아도 됐다. 항공권은 가능한 미리 판매했다. 승객이 항공권을 선급으로 구매하게 유도해서 현금을 최대한 확보했고 환급은 불가능하게 했다. 그래도 상장 이전에는 근근이 먹고 사는 수준이었다.

우리에게 현금이 들어오자 경쟁자도 긴장했다. 2004년 말레이시아 항공은 우리와 경쟁하려 했는지 아니면 우리를 제거하려 했는지 갑자기 국내선 요금을 인하했다. 우리가 받은 충격은 대단히 컸다. 말레이시아 항공은 정부 보조금을 받으므로 위험부담이 거의 없는 반면 우리는 한 푼 한 푼에 생사가 걸려 있었다. 나는 몹시 화가 났다. 금융이나 항공 산업 관련 매체에는 인맥이 없었지만 음악 업계에 지인이 있었고 편집장으로 승진한 사람도 있었다. 그중에 로키 브루라고도 알려진 다툭 아히루딘 빈 아탄이 말레이시아 일간지 말레이 메일Malay Mail의 편집장이었고 일간지 1면 사설에 말레이시아 항공이 경쟁자를 말살시키려 한다고 썼다. 우리가 하고 싶은 말을 대변하는 사설이었고 그 덕분에 우리를 지지하는 세력을 끌어냈다.

내가 직접 부딪치기도 했다. 교통부 장관이 즐겁게 어울리고 있는 파티에 초대도 받지 않고 나갔다. 나를 발견한 장관은 흥이 떨어진 눈치였다. 나는 말레이시아 항공의 판매 정책이 불공정하다고 주장했고 그는 일단 해당 활동을 멈추게 하기로 했다. 하지만 전쟁은 이제 시작이었다.

말레이시아 항공으로 인해 나는 말하자면 로빈 후드 같은 역할을 했다. 에어아시아는 시작할 때부터 승객의 편임을 강조해왔다. 승객이 원하는 곳에 데려다주기 위해 무엇이든 하고자 했다.

1965년, 한 살 때쯤 쿠알라룸푸르에서
사랑하는 어머니와 함께.

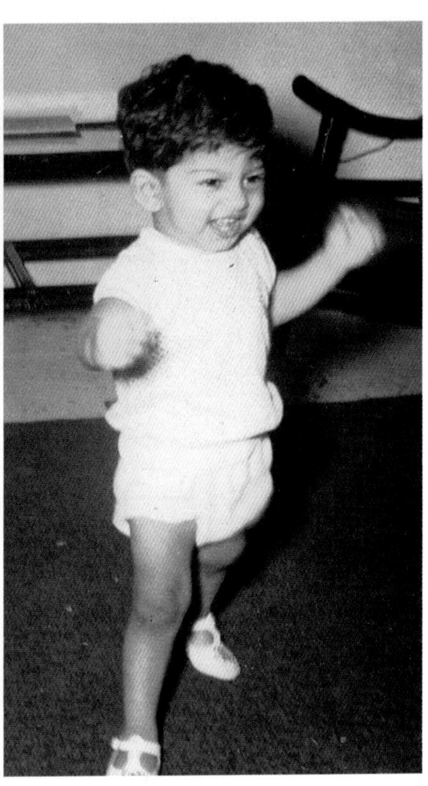

나는 아기 때부터 파티를 좋아했다.

1976년 열두 살일 때 아버지와 함께 런던에서.
처음으로 엡솜 컬리지에 가는 길이었다.

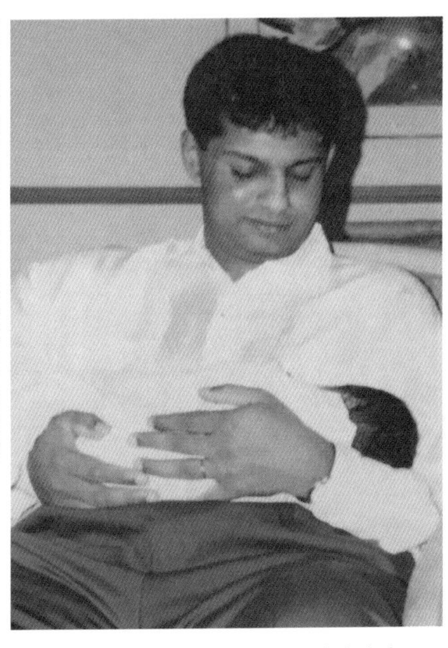

1993년 3월, 갓 태어난 스테파니와
감개무량한 나.

(1980: 엡솜 컬리지 럭비 주니어 선수단)
원래 축구를 정말 좋아했지만 럭비도 좋아하게 되었다. 움직임이 재빨랐고 윙 포지션을 맡았다.

(출처: 엡솜 컬리지)

(1981: 엡솜 컬리지 주
선수 11인)
나는 하키를 사랑했고
주전 선수 11인 가운데
가장 어렸다.
내 '뱀파이어' 하키스
인도 월드컵 국가대표
주장이 사인해준 소중
기념품이다.

(출처: 엡솜 컬

(1983: 엡솜 컬리지 홀만 하우스) 기숙사장으로 자랑스럽게 앉아 있는 모습. 홀만 기숙사는 다른 학생들이 보기에는 특이한 곳이었다. 그리고 건물은 붉은색이었다.

(출처: 엡솜 컬리

어아시아 초창기 시절 항공편이다. 항공사 주인이 되다니 믿기지 않는 표정이다.

(출처: 에어아시아)

공사 CEO로서 비행기에 여행 가방 싣는 일을 포함해서 직원이 하는 모든 업무를 정기적으로
가가며 했다. 덕분에 실제로 현장이 어떻게 돌아가는지 무척 많이 배웠다.

(출처: 에어아시아)

2012년~2016년 에어아시아 연차보고서에 실은 광고. 사업을 할 때는 장기적이고 신뢰할 수 있는 파트너십을 구축하는 게 중요하다. 에어아시아는 초창기부터 크레디 스위스와 상생해왔다.

(출처: 에어아시아)

(사진 속 광고 문구:
토니의 꿈은 어떻게 이룩했나? 단돈 1달러가 아시아에서 가장 큰 저비용항공사로 바뀐 비결은 무엇일까. 토니 페르난데스와 크레디 스위스의 헬만 시토항이 credit-suisse.com/apac에서 그 답을 알려준다.)

How did Tony's dream take off?
How to turn a single dollar into Asia's largest low cost carrier.
Tony Fernandes and Credit Suisse's Helman Sitohang explain
how it's done at credit-suisse.com/apac

포뮬러 원 내기에서 리처드 브랜슨을 이긴 대가로, 호주 퍼스에서 쿠알라룸푸르로 가는 항공편을 타고 리처드 브랜슨이 차려주는 저녁을 즐기고 있다. 리처드는 한결같은 미덕을 발휘해서 진정으로 승무원 정신에 몰입했다. 2013년 5월 13일은 정말 멋진 날이었다. (출처: 에어아시아)

ᇂ 소유주 두 명이 자랑스럽게 우리 팀 경기를 지켜보고 있다. 딘과 나는 동업자라기보다는 형제
ᅡ.

(출처: 스포츠 사진 전문 에이전시 Back Page Images/ Javier Garcia)

삶에 일어난 또 다른 기적(2017년 10월 14일), 클로에와의 결혼식에 입어본 한복. 그녀로 인해 나도
ᅡ다.

2012년 9월 7일. 아시아의 전설 박지성 선수와 계약을 맺은 순간은 내게 무척 뜻 깊었다.

(출처: 스포츠 사진 전문 에이전시 Back Page Images/ Javier Gar

2014년 5월 24일. 더비와의 결승전에서 놀라운 경기를 펼친 다음, 우리 골키퍼 로버트 그린을 끌어안는 장면이다. (출처: 스포츠 사진 전문 에이전시 Back Page Images/ Javier Ga

4년 5월 24일. 웸블리 경기장에서 리그 승격을 자축하고 있다. 조이 바튼은 자기가 무슨 짓을
는지도 모르고 나를 어깨에 둘러멨다. 그래도 스포츠인답게 바닥에 메치진 않았다.

(출처: 스포츠 사진 전문 에이전시 Back Page Images/ Javier Garcia)

에어아시아 본사 레드큐 6층을 장식하는 문구. 우리의 뿌리가 무엇인지 매일 떠올리게 한다.
가장 좋아하는 문구다.

(출처: 에어아

(쿠알라룸푸르 국제공항에 위치한 레드큐) 레드큐에는 사무실이 없고 회의실 벽은 모두 유리로 만
다. 우리는 열린 조직이다.

(출처: 에어아

그런 명성이 높아지면서 정부는 말레이시아 항공이 우리를 뭉개도록 내버려두기 곤란해졌다. 유권자들이 부정적으로 반응할까 우려해서다.

말레이시아 항공과 약간 충돌이 있은 후 얼마 지나지 않아 말레이시아 총리에게 국가경제위원회에 참석하라는 지시를 받았을 때 그 사실을 분명히 깨달았다. 예전에 우리에게 허가를 주기는 했지만 완전히 문을 열어주지는 않았던 만남 이후 처음 보는 자리였다. 내가 방에 들어갔을 때 모두 엄청나게 살벌한 분위기를 풍겼다. 겁을 주려고 부른 듯했다. 나는 그냥 발표를 진행했다.

오랜 침묵 끝에 마하티르가 말했다. "축하하네. 정말 멋지게 해냈어."

위협적이던 분위기가 따듯한 격려의 장으로 바뀌었다.

그 발표 덕분에 우리 조직은 더 강해졌다. 총리가 말레이시아 항공 국내선에 지급했던 보조금을 취소한 덕분이다. 이제 말레이시아 항공은 우리와 같은 선상에서 경쟁해야 했으므로 매우 뜻 깊은 순간이었고, 그쪽으로선 미처 대비하지 못한 일이었다. 다윗과 골리앗보다는 골리앗과 골리앗 같은 상황으로 발전했다. 다시 한 번 우리가 정말 발전하고 있다는 느낌을 받았다. 에어아시아는 빠르게 성장했다. 태국 에어아시아와 첫 합작회사를 설립했으며 실적이 악화된 인도네시아 어웨어 항공의 지분을 49% 인수했고, 국영 기업인 말레이시아 항공의 국내선 독점에 맞서 일부 성공을 거두었다. 항공기단을 확대했고 비용 절감과 공격적인 마케팅에 전적으로 집중하여 2001년에는 우리 몫의 빚을 모두 갚았다.

2004년 크리스마스에 영국에 있는 아파트에 머물고 있었는데 쓰나미가 발생했다는 소식이 뉴스에 나왔다. 나는 온 마을이 휩쓸려 나가는 장면을 공포에 질려 지켜봤다. 푸껫 주기장에서 에어아시아 비행기 한 대도 휩쓸려 나갈 뻔했다. 우리는 즉시 사태를 지휘했다. 피해 지역에 구조대를 비행기로 파견하겠다고 제안하고, 최대한 정보를 전달하고 수송을 지원했다. 피해 지역에 대규모 지원이 필요하다고 판단해서 '러브 푸껫' 운동을 시작했으며, 에어아시아는 항공편을 취소하지 않는다는 원칙을 확실히 했다.

인도네시아 반다아체에서 일어난 참사가 방송되었을 때, 직원들과 함께 현장으로 날아갈 계획을 세웠다. 모두 미쳤다고 생각했지만 나는 다시 말했다. "우리는 주민과 결속해야 합니다. 이런 비극 속에서 그들을 외면할 수 없습니다."

물론 현장에 가서 복구에 동참해야 한다는 사실을 알고 있었다. 얼마 지나지 않아 반다아체로 갔다. 살면서 온갖 일을 목격했고 힘들거나 고통스러운 상황도 겪었지만 반다아체는 차원이 달랐다. 모든 게 싹 쓸려 나갔다. 할리우드에서도 그렇게 비극적인 장면은 만들지 못할 것이다. 모든 집이며 빌딩이 뿌리째 뽑혀나갔고 길 한가운데에 보트뿐만 아니라 대형 선박이 널브러져 있었으며 생존자에게는 등에 진 배낭이 전부였다. 온통 쑥대밭이 되어 참담하기 그지없었다.

반다아체와 에어아시아의 관계는 그때처럼 지금도 견고하다고 자랑스럽게 말할 수 있다. 반다아체에 헌신한 이유는 역경 속에서도 희망을 끌어내야 한다는 책임감을 느꼈고, 할 수 있는 한 무엇이든 돕고 싶었기 때문이다.

에어아시아는 더 강하게 성장하기 시작했다. 비행기를 더 구매했고 운영을 매끄럽게 개선했으며 명성은 더 높아졌다. 재정이나 시장 점유율 측면에서도 진전을 이뤘고 회사를 경영하는 데 점차 현명해지고 있다는 생각이 들었다.

자신감에 찬 우리는 세계적인 스포츠팀을 후원하기로 했다. 2005년, 맨체스터 유나이티드 구단 측에서 맨유 카페를 후원해달라고 요청했다. 솔직히 좀 놀랐다. 세계에서 가장 큰 축구 구단이 왜 조그만 아시아 항공사에 관심을 보일까? 에어아시아에 의미 있는 협력관계가 될 게 분명했다. 맨체스터 유나이티드의 최고 경영자 데이비드 길은 아시아 팬 규모를 4천만 명으로 추산했고 나 역시 물론 참여하고 싶었다. 하지만 카페로는 좀 부족하다 싶어서 데이비드에게 말했다. "아니요, 전 구단 자체를 후원하고 싶습니다."

데이비드가 대답했다. "상의해 봅시다."

나는 런던으로 날아가서 맨체스터 유나이티드의 영업 및 마케팅 총괄로 막 부임한 앤디 앤슨을 만났다. 우리는 처음으로 1년 계약을 맺었고 에어아시아 로고를 경기장 쪽 전자 광고판에 표시하기로 했다.

그 계약이 얼마나 큰 의미인지 말로 다 하기는 어렵다. 당시 우리 항공기단은 여전히 소규모였고, 올드 트래퍼드[1]로 향하는 딘과 나는 마치 시골 청년들 같았다. 우리는 경기는 뒷전이었고 에어아시아 로고가 광고판에 언제 나오는지만 목을 빼고 기다렸다.

계약은 양쪽 모두에게 유익했다. 알렉스 퍼거슨 경은 내게 선수단 전체가 나온 사진은 에어아시아 후원 사진밖에 없다고 말했다. 선수들은 예쁜 여성을 좋아했고 우리 비행기에 그런 여성이 잔뜩 있었다(예쁜 남성도 있었지만 선수들이 그쪽에는 별로 관심을 보이지 않았다). 일부 비행기 꼬리날개에 맨체스터 유나이티드 로고를 넣고 기체에 리오 퍼디낸드, 알렉스 퍼거슨, 박지성 선수 초상화를 그렸다. 특히 박지성 선수는 나중에 QPR에 합류하여 한 시즌 활동해서 더욱 기억에 남는다.

어디를 후원하든 가장 중요한 부분인데, 우리는 후원 계약을 최대한 활용했다. 어떻게든 행사 프로그램을 짜내어 매끄럽게 조합했다. 항공기 페인트칠뿐 아니라 아시아 어린이를 대상으로 축구 경기를 개최해서 우승자는 우리 비행기를 타고 맨체스터에 가서 경기를 관람하게 했고, 기내에서 맨체스터 유나이티드 상품을 판매하고, 심지어 맨유 선수들이 쿠알라룸푸르를 방문하기도 했다. 아시아 항공사들이 우리를 따라 하면서 우리는 유행을 선도했다. 다시 한 번 선두 주자가 되어 차별화를 이루었다. 맨체스터 유나이티드가 아시아에서 거대한 팬덤을 거느린 덕분에 우리 브랜드는 엄청난 이익을 누렸다. 딘과 나는 바비 찰

---

1) Old Trafford: 맨체스터 유나이티드의 홈구장

튼, 알렉스 퍼거슨 경, 웨인 루니 같은 전설적인 인물과 어울렸다. 계약은 3년간 지속했고 나는 그때 처음 축구계를 경험했다.

그 후 2007년~2008년 월스트리트와 국제 시장에 금융위기가 닥쳤고 우리는 은행의 권유대로 유가 헤지 거래에 투자했다가 위험에 노출됐다. 금융 위기가 오기 전에 유가가 끝없이 상승하는 바람에 모든 항공사가 큰 어려움을 겪었는데, 우리는 위험을 최소화하려고 헤지 포지션을 취했다. 국제 금융 위기가 닥치자 유가는 곤두박질쳤고 우리가 보유한 현금이란 현금은 모조리 쓸려갔다. 자그마치 10억 링깃이었다. 우리 현금 보유량은 50만에서 100만 링깃으로 떨어져 2001년 회사를 시작할 무렵과 크게 다르지 않았다. 다시 비용 절감과 공격적 마케팅에 온 힘을 다하고 초기의 검소한 습성으로 돌아가서 원칙을 지킴으로써 2년 이내에 현금 보유액을 다시 10억 링깃 수준으로 끌어올렸다.

그때 이후로 파생상품 놀음을 피하고 있다. 악몽 같은 일이었다. 위험을 극도로 회피하는 자세를 취하게 되었다. 헤지 계약은 기간을 1년으로 한정하고 모든 이자율과 환율을 최대한 고정한다. 파생상품 거래를 하는 회사도 있지만, 차라리 회사 돈을 카지노에 가지고 가는 편이 나을 것이다. 유가가 어떻게 될지 알면 헤지할 필요가 없다. 그만큼 단순한 얘기다. 가격이 어떻게 움직일지 모른다면 이길 확률은 주사위를 던져서 나올 확률과 다르지 않다. 회사 돈으로 도박하는 일은 무슨 수를 써서라도 피해야 한다. 에어아시아에게 그때 일은 아주 치명적인 실수였다.

우리는 모든 면에서 치열하게 싸웠다. 끈기는 내게 가장 큰 장점인 동시에 경쟁자에게는 가장 골치 아픈 특징일 것이다. 말레이시아 항공에게서 항로를 가져오는 일은 절대 쉽지 않았고 싱가포르로 직접 비행하기까지 7년이 걸렸다. 초창기에 정부로부터 끈질기게 제지를 받다가, 우리는 싱가포르까지 버스로 40분 거리인 말레이시아 남부 조호르에 착륙해서 승객을 버스에 태워 국경을 건너게 했다. 그 항로를 시작한 첫날 비행기에서 내린 승객들이 싱가포르 국경에 도착했을 때 당국은 버스를 압류하고 승객을 공항 활주로에 내팽개쳐 버렸다. 우리는 그 정도로 싱가포르 정부의 제재를 받았다.

그러니 2008년 에어아시아 항공기가 처음으로 싱가포르 창이 국제공항에 착륙했을 때 얼마나 행복했는지 모른다. 어떤 대상에 믿음을 가졌다면 모든 것을 걸고 시도한 다음 끝까지 지켜봐야 한다.

예측 불가능하기 때문에 나는 경영을 사랑한다. 예측 불가능성은 에어아시아 역사에 흐르는 주제이기도 하다. 그런 수많은 문제를 겪고도 에어아시아는 2012년 아시아 항공 산업의 강자로 발돋움했다. 항공기 118대를 보유했고 누적 승객 수는 2천만 명에 달했다. 빠르게 성장하면서 수많은 경쟁자를 따돌렸고 업계 '거물'들은 우리 존재를 우려하기 시작했다.

2012년 CIMB 은행 나지르 라작(나는 제이라고 부른다)이 찾아와서 거래를 제안했다. 10년 전에 그런 제안을 했다면 짓궂은 장난이라고 생각했을 것이다. 말레이시아 항공의 CEO 이드리스 잘라가 제이를 찾아와서 말레이시아 항공과 에어아시아의 합병을 두고 셋이서 논의하자고 했다. 내가 어떤 반응을 했는지 적을 수는 없지만 들뜨기도 하고 뿌듯했다고만 말해둬야겠다. 국적 항공사가 우리와 합치고 싶어 할 만큼 성장했다는 뜻이었다. 크나큰 승리였다.

물론 이론상으로는 아주 타당한 제안이었다. 말레이시아 항공은 수 년 전부터 어려움을 겪었다. 90년대에는 개인 소유였는데 경영이 엉망이 되어 정부가 나서서 매입했다. 흥미롭게도 그 개인도 항공 산업에 경험이 없었는데, 그 사람은 성공하지 못했다. 심지어 우리가 에어아시아를 설립할 무렵 말레이시아 항공은 회사를 지키려고 총리를 찾아가서 재융자를 요청했다.

그 후 이드리스는 장관이 되면서 경영 일선에서 물러났다. 정부는 원칙적으로 합병을 원했지만 내가 두 회사를 운영하는 데는 좀 불안을 느꼈던 모양이다. 합병하는 대신 스와프 거래를 하기로 했다. 에어아시아가 말레이시아 항공의 지분을 가지고 정부는 에어아시아 지분을 가져갔다. 국내 항공 산업의 효율성을 증대하자는 취지였다. 하지만 당시 정부는 자유롭고 공정한 시장 경쟁을 통해 고객을 보호하려는 목적으로 말레이시아 공정 경쟁 위원회(MyCC, Malaysia Competition Commission) 설립을 추진하고 있었다. 말레이시아 항공과 에어아시아의 협력은 이 새로운 위원회가 추구하는 정신에 위배되었다. 그렇게 커다란 난관에 봉착했다.

두 항공사 사이에 존재하는 노골적인 적개심도 전형적인 문제였다.

나는 고객을 위해 다 함께 회사를 개선해 나가야 한다고 믿는다. 무엇보다 에어아시아는 모든 사람을 위한 서비스를 제공한다는 원칙에 따라 세워진 회사다. 하지만 그동안 말레이시아 항공과 인정사정없이 광고와 홍보 대결을 해왔고, 아무리 승객의 이익을 위해서라지만 함께 일하려면 우리 직원은 에어아시아 직원이라는 자부심을 상당 부분 속으로 삼켜야 했다.

제안 받은 대로 내가 두 회사를 경영한다면 경영진의 분위기는 냉담할 테고, 공동으로 어떤 계획을 세우든 말레이시아 항공 직원은 의심스럽게 받아들일 것이다. 어쨌든 두 회사는 딘과 내가 말레이시아 항공 이사회에, 에어아시아 이사회에 말레이시아 항공 대표가 선임되는 단계까지 갔다. 미묘한 알력도 존재했다. 말레이시아 항공이 요금을 올리면 내 잘못이었고 에어아시아가 항로를 축소하면 그것도 내 잘못이었다. 어떻게 해도 좋은 소리를 들을 수 없었고 말레이시아 항공 입장에서 나는 양 떼에 들어온 늑대일 뿐이었다.

그래서 정치적 압력단체와 노조는 양사 간 협의를 되돌리려고 애썼다. 결국 총리는 이 거래는 경제적으로는 좋은 생각이지만 정치적으로는 지뢰밭이라고 말했다고 제이가 내게 전해 주었다.

결국 정부는 거래를 되돌리기로 했다. 이미 규모의 경제며 자원 공유로 인한 효과가 발생하고 있어서 안타까운 일이었지만 지속할 수는 없었다. 우리에게는 제대로 펼쳐보지 못한 기회였지만 말레이시아 항공에는 그 이상이었다. 모든 계약이 무산된 후 말레이시아 항공은 대규모

구조조정에 들어갔고 수천 명이 일자리를 잃었다.

딱한 일이었지만 에어아시아 입장에서는 획기적인 이정표였다. 정치적 분위기만 맞아떨어졌다면 정규 국적 항공이 우리와 합병하려고 했던 그 자체가 대단히 의미 있는 일이었다.

쇠를 단단하게 벼리려면 불이 아주 뜨거워야 한다는 말이 있다. 에어아시아가 초창기에 겪은 위기는 엄청난 열기를 일으켰다. 우리는 위기를 겪을 때마다 매번 강해졌다. 도전에 직면했을 때 후퇴하기보다는 용감하게 맞부딪혔기 때문이다. 안전에 문제가 없는 한 위기는 기회를 가져온다고 생각한다. 초창기 6년 동안 어떤 일을 겪을지 미리 알았더라면 내가 항공사를 시작했을까? 그렇다고 생각하고 싶다. 우리는 놀라울 만큼 열심히 일했고, 힘든 순간도 있었지만 결국 꽤 좋은 결과를 이뤘다. 달랑 항공기 두 대에 몇 안 되는 항로를 가지고 매달 4백만 링깃씩 적자를 내며 미래가 없던 항공사는 단 12년 만에 항공기 158대로 192개 항로를 여행하며 4천 6백만 승객을 나르고 51억 1천만 링깃의 매출을 올리는, 수상 경력에 빛나는 저비용항공사가 되었다. 태국과 인도네시아, 필리핀에 합작 회사를 설립했으며 장거리 항공사 에어아시아 X를 시작했다. 에어아시아는 신뢰할 수 있고 높은 가치를 제공하는 저비용항공사라는 평판을 얻었다고 생각한다.

2013년 말, 한 기자가 지금까지 많은 일을 겪었는데 아직 두려운 것이 있냐고 질문했다. 나는 미지의 존재가 두렵다고 대답했다. 그 미지의 존재가 나타나려고 했다.

7. 비극이 닥치다

배경음악 캐롤 킹Carole King,

〈티어스 폴링 다운 온 미Tears Falling Down on Me〉

2014년 12월 28일 오전 8시 25분 전화벨이 울렸다. 나는 쿠알라룸푸르에 있는 집 욕실에서 스테파니와 스티븐을 데리고 외출 준비하던 참이었다. 우리 가족은 행복한 크리스마스를 보냈고 남은 휴일 동안 아이들과 쇼핑을 하러 가자고 약속했다.

수화기를 들었다.

"토니, 보예요."

심장이 덜컥 내려앉았다. 뭔가 심각하게 잘못되지 않고서는 보 링감이 전화할 리가 없었다.

"에어아시아 인도네시아 에어버스기가 레이더에서 사라졌어요……."

"뭐라고요? 언제요? 어디로 가다가?"

"토니, 지금까지 파악한 건 수라바야에서 싱가포르로 새벽 5시 35분에 이륙했고 마지막 교신은 6시 18분이었다는 게 전부입니다. 저도 막 에이드리언에게 전화 받았어요."

에이드리언 젠킨스는 에어아시아 그룹의 운항 본부 이사로 직원 중에서도 가장 경험이 풍부하고 노련한 조종사였다. 에이드리언은 문제가 일어날 가능성을 알리려고 보에게 전화했다. 두 사람 모두 공항에 있는 우리 사무실에 가는 길이었다.

내 몸에 반응이 왔다. 입이 마르고 속이 울렁거렸다. 쓰러지지 않으려고 벽에 기댔다. 이 상황은 훈련 따위가 아니다. 정말 긴급한 상황이라는 걸 온몸으로 느낄 수 있었다.

나도 곧장 쿠알라룸푸르 국제공항으로 가기로 했다. 차에 탄 다음 당시 싱가포르에 가는 길이던 딘에게 전화했다. 딘은 관계자들과 협력하고 무슨 일이든 해보려고 곧장 공항으로 갔다. 최악의 상황이 현실이 되면 수많은 가족이 공항에 몰려들 테고 우리가 어떻게 대응할지 딘이 지휘해야 했다.

운전하는 동안 점점 두려움이 커졌다. 2014년은 동남아시아 항공 업계에 비극적인 해였다. 3월에 쿠알라룸푸르에서 베이징으로 가던 말레이시아 항공 MH370편이 흔적도 없이 사라졌다. 239명이 비명횡사했다. 8월에는 암스테르담에서 쿠알라룸푸르로 가던 말레이시아 항공 여객기가 우크라이나 동부에서 추락해 298명이 사망했다. 우리 에어아시아 직원은 그 참사에 지역 주민 못지않게 비통함을 느꼈고 당시 말레이시아 항공에 할 수 있는 건 뭐든지 돕겠다고 했다.

예전에 에어아시아는 허위 경보를 몇 번 받았다. 총리를 만나러 가는 길에 보가 전화해서 인도네시아에서 항공기와 연락이 끊겼다고 했다. 그때도 몸에 같은 증상을 겪었지만 회의는 진행해야 했다. 반쯤 진행했을 때 총리가 괜찮으냐고 물었고 나는 웅얼거리며 괜찮다고 대답했다.

몇 달 동안 그 만남을 기다렸으면서 이제 끝나기만 기다렸다. 겨우 빠져나와서 다시 보에게 전화했더니 허위 경보라고 했다. 민간항공관리국(Civil Aviation Authorith, CAA)에서 실시하는 정기 훈련이었다. 머리끝까지 화가 나서 창밖으로 마구 물건을 집어 던졌다.

한 번은 런던에 있을 때 누가 내게 우리 항공기가 사라졌다는 보도자료를 보냈다. 아무도 그게 훈련이라는 걸 알려주지 않았다. 다시 심장이 내려앉았다.

에이드리언과 동시에 공항에 도착해서 함께 들어갔다. 이미 몇 명 와 있었고, 시시각각 모여드는 사람들 모두 믿어지지 않는다는 표정이었다. 우리는 비상상황실에 모였다. 처음 들어가는 곳이었다. 누군가는 했겠지만 나는 한 번도 비상훈련을 한 적 없었다. 거기 들어가자 항공기가 사라졌다는 사실이 확실해졌다.

내가 인도네시아로 가야 하는지, 아니면 몸을 사리고 인도네시아에서 처리하게 둬야 하는지 의견이 분분했다. 하지만 내 생각에 그건 논쟁거리가 아니었다. 변호사나 인도네시아 정부, 그 누가 뭐라고 하든지 신경 쓰지 않았고 그저 그곳에 가야 했다. 이유는 단순하다. 내 직원이 사망했으니까, 그리고 승객의 가족을 위해서였다. 변호사의 방패 뒤에 숨을 마음은 없었다. 그래서 수라바야로 날아갔다. 기내에서 내내 트위터로 소식을 전하거나 지지와 애도 메시지를 보냈다. 깊이 상처받았을 직원들에게 보내는 메시지가 대부분이었다.

그렇게 보낸 수많은 트윗이 BBC나 CNN을 비롯한 전 세계 매체에

퍼진다는 사실은 몰랐다. 어쩌면 내가 알지도 모르는 사람, 승무원, 이 일로 영향을 받았을 승객과 가족을 포함한 모든 사람 그리고 에어아시아 가족에게 보내는 개인적인 메시지였다. 바꿔 말하면 그 어떤 홍보 회사나 전략도 개입하지 않았고 변호사가 내게 제안했듯 인도네시아나 말레이시아 항공사와 차별화하려는 의도는 전혀 없었다. 이번 사건은 에어아시아의 비극이고 우리 모두가 영향을 받았다.

수라바야로 가는 길이 얼마나 멀게 느껴졌는지 모른다. 나는 좌석에 앉아 도대체 무슨 말을 할지 생각하고 또 생각했다. 물론, 정확히 무슨 일이 일어났는지 몰랐으니 어떤 추측도 헛된 짓이었다. 결국 아무것도 준비하지 않고 그저 진심에서 우러나오는 말을 했다. 비통한 심정을 털어놓고, 희생자 가족과 나만큼 고통을 겪고 있을 직원들에게 온 힘을 다해 지지를 보냈다. 그리고 물심양면으로 지원을 약속한 항공사, 정부, 구조대 등 모두에게 공식적으로 감사의 뜻을 표했다. 이런 비극을 대할 때는 진심이어야 한다. 대본에 있는 말이나 연습한 대사는 진심을 이기지 못한다.

수라바야에 도착하자 믿을 수 없을 만큼 엄청난 카메라와 기자, TV 관계자, 구경꾼이 몰려 있었다. 압도적이었다. 당국이 가족을 위해 설치한 공항 비상상황실로 들어가는데 주변에서 말소리가 들렸다. "토니가 왔다, 토니가 왔어."

가족들의 얼굴을 보니 얼마나 엄청난 일이 벌어지는지 절감할 수 있었다. 내가 그 사람들을 절망에 빠뜨렸다는 사실을 깨달았다. 무슨 말을 한들 고통이 잦아들겠는가. QZ8501편 탑승 승객은 155명이었고 수많은 가족이 비상상황실을 가득 메우고 애타게 소식을 기다렸다. 인도네시아 당국이 상황에 대처하고 있었지만 온통 인도네시아어로 진행되었기 때문에 나는 아무 도움이 되지 못했다. 그저 서 있는데 가족 중 한 명이 고함쳤다. “항공사 대표가 여기 있어요. 뭐라고 하나 들어봅시다.”

그래서 내가 입을 열었고 사람들은 내게 질문했다. 나도 그 대답을 모르거나 일부만 답해줄 수 있었지만, 최대한 알아내고 새로운 소식이 있으면 계속 알리겠다고 약속했다. 그 후 인도네시아 교통부 장관과 함께 전 세계에 생방송으로 나가는 기자회견을 했다.

그리고 다시 상황실로 돌아와서 가족들을 만났다. 질문에는 절망과 희망이 가득했다.

“구명보트에 탔을까요?”

“섬에 착륙했을 수도 있나요?”

“어떻게든 사고에서 살아남았을 가능성이 있습니까?”

마음속으로는 가망이 없다는 사실을 알고 있었지만, 확실한 증거가 나오기 전까지는 생존자가 있으리라는 희망을 유지하려고 애썼다. 항공기 파편을 발견했다는 보고가 나오기 시작했고 연착륙을 해서 누군가 살아남았을지도 모른다는 희망도 잠시, 교통부 장관이 나를 따로 불러 비행기가 아주 빠르게 하강했다고 말했다. 기체가 빠르게 회전하며 엄청난 속도로 낙하하는 모습이 레이더에 잡혔다고 했다. 그때 나는 누군가 살아남았으리라는 희망을 접었다.

사람들은 금세 비난의 화살을 돌린다. 우리는 악천후에서 비행했던 것이 추락의 주요 원인일 가능성이 높다는 사실을 알았다. 하지만 다른 원인도 많았고 항공사 역시 빠져나갈 수 없었다.

유가족들은 점잖고 예의 바른 사람들이었다. 수많은 가족을 잃은 노부인이 나를 때리기 시작했지만 그녀는 예외였다. 부인의 가족이 그녀를 진정시키고 나에게 사과했지만 감히 불평할 생각은 없었다. 그 심정이 이해되고도 남았다. 모두에게 내 전화번호를 알려주고 계속 연락을 주고받았다. 사실 지금까지 연락하는 사람도 있다. 그때 나는 최대한 의사소통하는 것만이 최선이라고 생각했던 기억이 난다. 그들이 사랑하는 가족을 구할 수도 살려낼 수도 없고, 어떤 의문이든 답해주는 게 내가 할 수 있는 전부였다. 유가족은 그 점을 고마워하는 듯했다. 몇 시간이고 앉아서 그저 이야기하고, 이야기하고 또 이야기했다. 싱가포르에서 탑승자 가족과 함께 있는 딘도 마찬가지였다. 나는 기자회견에서 이렇게 말했다. "항공사 CEO에게는 가장 끔찍한 악몽입니다. 13년 동안 승객 수백만 명과 함께 여행해온 이후로 더없이 큰 절망에 빠졌지만, 사건이 발생한 후에 탑승객 가족을 보살펴야 하기에 마음을 굳게 먹었습니다. 희생자 가족과 꾸준히 연락을 취해서 필요한 지원을 해드리고자 합니다."

에어아시아는 각 가족을 담당하는 지킴이 직원을 지정했다.

그다음에는 직원들을 돌봐야 했다. 우리 직원을 안심시키고 위로하려고 인도네시아 에어아시아 사무실을 찾았다. 회사는 가족이나 다름 없었고 이번 사건은 승객뿐만 아니라 가까운 동료와 친구를 잃은 우리 직원에게도 비극이었다. 인도네시아는 물론 전체 에어아시아도 마찬가지였다.

수라바야에서 첫날을 마무리한 뒤 기진맥진하고 멍한 상태로 호텔 방에 들어갔다. 방이 지나치게 휑해 보였다. 잠을 이룰 수 없었지만 어떻게든 다음날과 그다음 날, 또 다음날 다시 힘을 내서 나갔다. 그동안 유가족들이 메시지를 보냈다. 내 마음을 깊이 울리는 메시지도 있었다. 몇 주 뒤 수라바야를 떠났고 홍보 책임자 제니 와카나에게 메시지 일부를 한번 살펴보라고 했다. 제니는 내가 유가족과 직접 대화한다는 사실을 몰랐다. 그녀는 사내에서 공유하고 싶은 대화를 찾아냈다. 유가족에게 허락을 받았고, 희생자 가족이 사랑하는 이를 잃었다고 전적으로 에어아시아를 비난하지는 않는다는 걸 직원들이 알아주길 바랐다.

제니는 나를 대신해서 이메일을 보냈다.

올스타 여러분,

저는 QZ8501편에 탑승했던 승객과 직원의 가족 그리고 사랑하는 이들을 최대한 돕고 싶은 마음에 지난 몇 주 동안 연락을 주고받았습니다.

희생자 가족을 만나서 대화를 나누고 그분들의 사정을 알게 되어 가슴 아팠고 마음이 숙연했지만, 동시에 우리 회사를 여러분과 함께 세계에서 가장 훌륭하고 안전한 항공사로 만들고 싶은 마음이 더 강해졌습니다.

희생자 가족 한 분과 나눈 대화를 공유합니다.

1월 12일 19시 25분–희생자 가족: 토니, 마음을 굳게 먹어요. 저는 에어아시아 사고 희생자 가족입니다. 이 사고로 사랑하는 여동생을 둘이나 잃었습니다. 당신은 힘들게 일하면 다시 비행기를 살 수 있겠지만 예수님이 기적을 행하지 않는 이상 제 동생이 살아올 방법은 없습니다. 하지만 에어아시아 CEO로서 당신이 보여준 책임감을 고맙게 생각하고, 승무원과 경영진이 당신을 보고 배웠으면 좋겠습니다. 그리고 이 사고가 인재는 아니었으면 좋겠어요. 그게 사실이라면 사랑하는 가족을 잃은 우리는 또다시 상처받을 테니까요. 그래도 저는 개인적으로 당신을 지지합니다. 이런 힘든 시간을 헤쳐나간 훌륭한 CEO라고 생각해요. 그런 겸허한 자세를 계속 유지했으면 좋겠습니다. 우리 가족이 슬픔을 딛고 일어나도록 최선을 다해줘서 고맙습니다. 토니, 누구나 안전하게 비행기를 탈 수 있도록 멈추지 말고 최선을 다해주기 바랍니다.

1월 12일 19시 28분–희생자 가족: 매월 일 때문에 비행기를 타야 하는데 이제 비행기 타기가 너무 두렵습니다. 이번 사고로 여동생뿐만 아니라 직장까지 잃을 것 같네요. 부디 모두가 안전하게 비행할 수 있게 하겠다고 약속해주세요.

1월 12일 20시 30분–에어아시아 토니 페르난데스: 좋은 말씀 해주셔서 고맙습니다. 이름이 어떻게 되시죠? 삼가 조의를 표합니다. 얼마나 가슴이 아픈지 모릅니다. 꼭 에어아시아를 가장 안전한 항공사로 만들겠습니다.

당신이 보낸 메시지를 직원과 공유하고 싶습니다. 더 나아지고 싶어서요. 비행하는 걸 두려워하지 마세요. 두려움을 극복하게 도와 드리겠습니다. 정말 죄송합니다. 연락처를 알려주세요.

1월 12일 21시 16분–희생자 가족: 괜찮아요, 전 동생들을 보내주려고 합니다. 누구나 날 수 있게 직원들과 노력해주세요. 누구나 날 수 있다는 슬로건을 저도 좋아하지만, 안전을 부탁합니다. 저나 여동생, 우리 가족처럼 돈이 부족해도 다른 나라에 가고 싶어 하는 모든 사람에게는 반가운 일일 겁니다. 포기하지 말고 꿈을 이루길 바랍니다.

1월 12일 23시 54분–에어아시아 토니 페르난데스: 정말 죄송합니다.

1월 13일 00시 01분–희생자 가족: 당신 잘못은 아니지만 모든 에어아시아 직원에게 교훈이 되었을 겁니다. 토니, 다들 힘내길 바랍니다. 당신과 직원 모두 깊이 상처받았을 걸 알아요.

1월 13일 00시 02분–에어아시아 토니 페르난데스: 저희는 13년 동안 단 한 번도 사고를 낸 적 없습니다.

1월 13일 00시 02분–에어아시아 토니 페르난데스: 250만 명을 실어 날랐지만, 한 번도요.

1월 13일 00시 02분–에어아시아 토니 페르난데스: 이런 일이 있을 거라고는 생각지도 못했어요.

1월 13일 00시 13분–희생자 가족: 그래요 토니, 그래서 저와 우리 가족이 에어아시아를 좋아했습니다. 덕분에 처음으로 해외에 갔어요. 제 꿈을 이뤄줬죠.

1월 13일 00시 13분–희생자 가족: 안전하게 관리한다는 말은 믿어요.

1월 13일 00시 13분–희생자 가족: 하지만 이제 다른 항공사 비행기도 무서워서 못 탑니다.

1월 13일 00시 14분–희생자 가족: 괜찮아요.

1월 13일 00시 14분–희생자 가족: 교훈을 얻고 이 상황을 극복합시다.

1월 13일 00시 14분–희생자 가족: 심지어 우리 아버지도

1월 13일 00시 14분–희생자 가족: 이 사고를 용서하십니다.

1월 13일 00시 14분–희생자 가족: 아버지는 당신이 훌륭한 CEO랍니다.

1월 13일 00시 15분–희생자 가족: 멈추지 말아요, 토니.

1월 13일 00시 15분–희생자 가족: 최선을 다했다는 걸 알기에 이 말을 하고 싶었어요.

1월 13일 00시 15분–희생자 가족: 에어아시아에서 이루려는 꿈을 지지합니다.

1월 13일 00시 16분–희생자 가족: 지금 사고로 깊은 슬픔에 빠진 탑승객 가족에게 많은 항의를 받겠죠.

1월 13일 00시 16분–희생자 가족: 하지만 모든 이를 날게 하겠다는 꿈을 포기하지 말았으면 좋겠어요.

1월 13일 00시 17분–희생자 가족: 다른 나라에 가보고 싶다는 내 꿈도, 그 덕분에 이뤄졌으니까요.

힘들다는 건 압니다. 하지만 우리는 포기할 수 없습니다. 우리는 '누구나

날 수 있게 하겠다'고, 꿈을 이루게 도와주겠다고 약속해놓고 지키지 못한 모든 이에게 빚을 졌습니다.

더 노력하고, 더 성실하게 일하고, 고객에게 더 밝게 웃어줍시다. 안전은 마라톤이나 마찬가지입니다. 매일 계속 개선하고 배워야 합니다.

함께라면 늘 그래왔듯 우리는 다시 세계 최고가 될 겁니다.

토니

1월 7일, 싱가포르 잠수함이 항공기를 발견했고 해저에 가라앉은 8501편 사진이 보도되었다. 솔직하게 말해서 그 소식에 안도감이 들었다. 필사적인 수색이 끝났다는, 슬픔에 빠진 희생자 가족이 한 단계를 끝내고 다음 단계를 밟게 도와줄 수 있겠다는 안도감이었다. 에어아시아 상징색이 칠해진 꼬리날개가 바다 위로 올라온 사진이 전 세계에 방송될 때는 정말 비통했다. 사랑하는 사람에게 무슨 일이 있었는지 아직도 물증을 찾지 못한 말레이시아 항공 370편 희생자에게 깊이 안타까운 마음이 들었다.

처음 발견된 시신은 승무원 하야티 루트피아 하미드였고 나는 그녀의 장례식에 참석했다. 수라바야에서 시신을 수습해서 장례식을 치르려고 그녀의 고향에 갔다. 이 일로 미디어가 몰려들었고 내가 장례식에 참석하는 걸 두고 무신경하다고 하는 사람도 있었지만 하야티의 가족은 주목받기를 싫어하지 않았고, 하야티가 항상 스타가 되고 싶어 했다고 말했다. 가족들은 종교의 힘을 빌려서 슬픔을 극복했다.

딘과 나는 탑승객들의 장례식에도 참석했다. 딘은 독실한 신자였기에 종교의 힘으로 극복하고 있는 듯했고 나까지도 힘을 받은 것 같았다. 우리 둘 다 감정이 풍부해서 감정을 숨기고 싶어도 그러지 못했다. 얼마나 상처를 받았는지 표현하는 쪽을 선택했고, 묘하게도 생각만큼 끔찍하거나 두렵지 않게 이 악몽을 헤쳐 가는 데 도움이 됐다.

사태가 진정되고 나서도 우리에겐 경영할 항공사가 남아 있었다. 직원과 승객에게 안전하고 안정적인 교통수단을 제공해야 할 책임은 사라지지 않았다. 나는 에어아시아가 대중과 합리적으로 보조를 같이하며 비극을 극복했다고 생각한다. 우리는 나름으로 최선을 다해 위기에 대처했다. 마음을 터놓고 정직하고 자연스럽게 행동하는 수밖에 없었다. 회사를 방패로 삼지도 않았고 익명의 홍보 전문가를 내세우지도 않았으며 정부 조사원 뒤에 숨지도 않았다. 정면으로 돌파했던 점에 대중이 반응을 보인 듯하다.

위기를 겪으면서 그리고 겪고 나서, 사람이 지닌 진정한 강점은 힘든 상황에서 빛을 발한다는 사실을 깨달았다. 최근 우리는 '하나의 에어아시아'를 외치는데 그때 에어아시아는 정말 하나였다. 온 회사가 힘을 합쳐서 우리의 힘을 보여줬다. 지킴이 팀원 중에는 자기 가족은 못 보고 일주일이나 희생자 가족과 함께했던 사람도 있었다. 직원들은 마음속 깊이 진심으로 마음을 다했다. CEO이자 회사 설립자로서, 입에 올리기도 힘든 비극에 모두 하나 되어 대응한 것이 그 무엇보다 자랑스러웠다. 에어아시아 구석구석에서 모두가 인도네시아까지 가서 할 수 있는 한 힘을 보탰다. 회사의 모든 이가 진심으로 마음을 쓰고 올바른 일을 해서 타의 모범이 되게 대응한 것은 에어아시아 역사상 가장 자랑스러운 일이었다. 이슬람교도, 가톨릭교도, 말레이시아인, 인도네시아인, 태국인, 일본인, 누구든 상관없이 모두가 합심했다. 대중은 그 점을 보고 인정했다.

우리는 인도네시아 현지에서 두 달 정도 머무르면서 활동한 것을 제외하면 모든 지역에서 마케팅을 전면 중단했다.

스스로 100% 안전하다고 말할 수 있는 항공사는 없다. 안전은 절대 끝나지 않는 달리기 같아서 계속 개선하고 문제 가능성에 한발 앞서 대비해야 한다. 더 나은 방법이나 기준을 연구할 여지가 항상 존재하므로 안전이 최우선으로 지켜지도록 매일 경계를 늦추는 법 없이 철저하고 전문적으로 관리해야 한다.

사고가 발생하기 전에 포뮬러 원과 QPR, 딘과 나의 관심 사업을 아우르는 모기업 튠 그룹에 신경 쓰느라 에어아시아와 조금 떨어져 있었다. 추락 사고를 겪고 나서 다시 에어아시아에 전념했고 지난 2년 동안 내 방식대로 현장에서 적극 발로 뛰었다. 사고 이후 인도네시아 에어아시아를 폐쇄하자는 말이 나왔지만 동의하지 않았고, 지금 인도네시아 에어아시아는 잘하고 있다.

하지만 우리는 엄청나게 눈물을 흘렸다. 장례식, 미팅, 비행기 잔해 발견… 모든 일을 처음부터 끝까지 온몸으로 통감했다.

최근 누가 에어아시아에서는 아무것도 쉽게 된 일이 없다고 말했는데 정말 그렇다. 우리는 모든 것을 피와 땀과 눈물로 이뤄냈다. 쉬운 길은 없었다. 힘겹게 항공사를 설립하고 비행을 시작했다. 항공기가 새와 충돌하기도 했다. 그 일을 해결하고 나니 사스와 조류인플루엔자가 유행했고, 그다음에는 2005년 발리 폭탄 사건이 동남아시아를 강타해서 모든 계획이 물거품이 됐다. 우리가 성장한 것은 이런 위기 상황에서 공격적인 전략을 펼친 덕분이다. 세계 금융위기가 닥쳤을 때도 두 배로 열심히 일해서 상황을 개선했는데, 유가 헤지 계약을 한 직후에 유가가 곤두박질쳐서 현금 보유량 절반이 쓸려나갔다. 그래도 다시 일어섰지만 곧 QZ8501편이라는 엄청난 비극이 찾아왔다. 탑승객 가족에게 헌신하는 한편 안전 비행 성적을 점검하고(전혀 오점이 없었다) 개선했다. 그러고 나서 각종 매체에서 내 생각에 우리가 짊어져야 할 몫보다 더 심한 비난이 쏟아졌다. 우리는 교훈을 얻었고 더 나아졌다.

비극의 여파로, 우리가 발을 담근 모든 영역에서 가능한 최고로 높은 기준을 보장해야겠다고 생각했다. 각 영역은 운영상 적합성에 따라 의무 기준이 달랐다. 그래서 항공사의 조직구조를 정립하고 모든 기준이 전 지역에서 가장 높은 수준의 요구사항을 충족하게 했다.

한 국가에서 일어난 일이 온 회사에 영향을 미쳤고 전 세계 관점에서 보면 에어아시아 브랜드 전체가 타격을 받았다. 그래서 지금 시행 중인 '하나의 에어아시아'를 만들자는 아이디어가 나왔다. 태국 에어아시아도, 필리핀 에어아시아도 없고 언제 어디서 비행하든 그냥 에어아시아일 뿐이다. 항공사 전체가 발전하려면 이런 의식이 아주 중요하다.

회사가 커질수록(250명이던 직원이 2만 명에 가까워졌고 계속 증가하고 있다) 반드시 한 가족이라는 정체성과 문화를 지켜야 하므로, 지역별 꼬리표를 떼면 사람들을 하나로 모으는 데 많은 도움이 된다.

지금까지 회사를 경영하면서 항상 투명하고 정직해야 한다는 게 내 철학이었다. 뭔가 잘못했으면 손을 들고 사과하고, 조치해서 바로잡고 앞으로 나가야 한다. 작은 일은 물론 참담한 사건도 마찬가지다. 최근 비행기 좌석 뒤편에 부착된 여행 보험 튠 프로텍트 광고에 관한 지적을 받았다. 그 광고는 간호사를 '한심하다'며 깎아내렸다. 에어아시아 비행기에 들여서는 안 될 저질 광고였다. 그 광고를 보고 나는 즉시 CEO에게 제거하라고 했고 직업 간호사 협회에 전적으로 사과했으며 공개 발언에서 실수를 인정했다. 다시 말하지만 그런 일은 손을 들고 사과한 다음 앞으로 나아가야 한다.

참담한 비극부터 사소한 골칫거리에 이르기까지 시련에 부딪혔을 때 신뢰와 명성을 얻고 자신을 개선하려면 마음을 열고 정직해져야 한다. 우리가 QZ8501편 사고에 어떻게 대응했는지 한 학술지에서 '위기관리' 사례로 다뤘다는 말을 들었다. 그런 불행이 닥치면 뭔가 좋은 일이 생기기를 바랄 수밖에 없다. 그렇게 참혹하고 가슴 아픈 인명 피해에 에어아시아가 대응한 방식이 누군가에게 도움이 되었다면 그 역시 일종의 기여일 것이다. 그 상황에서 자유롭게 의사소통하고 직원들과 쉽게 연락할 수 있었던 점이 가장 중요했다. 우리는 일부러 회사나 법이라는 방패 뒤에 숨지 않았다. 누가 실제로 문제를 해결할 수 있는 게 아니었으니 가능한 보이는 곳에서 도움이 되려고 노력했던 게 슬퍼하는 희생자 가족에게 조금은 위로가 되지 않았을까.

8. 에어아시아와 떠나는 여행

배경음악 프랭크 시나트라Frank Sinatra,

〈컴 플라이 위드 미Come Fly With Me〉

2016년 11월 7일, 에어아시아는 쿠알라룸푸르 국제공항 2번 터미널에 새 본사 건물 레드큐의 문을 열었다. 2001년 초 예전 워너 사무실에 다섯 명이 북적거리던 시절부터 1만 8천 제곱미터에 달하는 빛나는 6층 건물이 에어아시아 직원 2만 명 가운데 2천 명의 집이 되기까지 길고 험난한 여정을 거쳤다.

이 공간은 내 사업 철학을 반영해서 설계했다. 모든 것이 개방적으로 배치되어 있고, 벽은 모두 유리이며 개인 사무실은 없다. 널찍하고 천장이 높은 아트리움에 대각선으로 구름다리를 뻗어서 확 트이고 밝은 분위기를 만들었다. 휴게 공간에서 누구나 쉴 수 있고 구내식당의 음식은 모두 건물 내에서 직접 만들며 일곱 가지 신선한 메뉴를 제공한다. 건강한 식생활을 중시해서다. 본사 시설에는 상점, 헬스장, 자동 현금지급기와 카페, 의사 및 의료팀도 있다. 어린이집과 기타 편의시설도 계획 중이다. 우리 올스타들이 아무런 불편이나 어려움 없이 편하게 지내고 일에 집중할 수 있도록 일터에서 최대한 많은 것을 지원한다. 레드큐는 주기장을 마주하고 있어서 비행기가 활주로를 이동하거나 이착륙하는 모습을 보며 본업을 계속 상기할 수 있다. 본사 건물을 설계할 때 직원 의견을 수렴해서 모든 이가 최선을 다해 일할 수 있는 환경을 최대한 효과적으로 창조했다. 아침에 레드큐로 걸어 들어가면서 직원들이 즐겁게 일하는 소음을 듣는 게 더할 나위 없는 기쁨이다. 레드큐 개관식은 감격스러운 순간이었다. 동남아시아의 주요 기업으로 성장한 우리 조직의 위상을 보여주는 듯했다. 그 옛날 루턴 공항에서 이지젯 브랜드가 내 눈을 사로잡았듯, 이제 쿠알라룸푸르 국제공항 활주로로 비행기가 들어올 때 우리 브랜드가 보인다.

이 책을 쓰는 지금도 새로운 계약을 진행하고 있고, 궁극적으로 인도에서 중국, 일본, 인도네시아, 필리핀, 말레이시아에 이르기까지 아시아의 주요 국가와 지역마다 취항하는 항공사로 발돋움하고 싶다. 우리는 모든 영역에서 1등 항공사가 되기 위해 온 힘을 다해 노력하고 있다. 온갖 시련을 겪고도 경이로운 성장을 이뤘다. 우리 직원은 약 2만 명이며 수익은 급증하고 있다. 2028년까지 항공기단을 500대 규모로 확장할 예정이다. 2017년 6월, 쏟아지는 항공권 수요에 대응하려고 2018년~2019년 납기로 에어버스 항공기 14대를 추가 계약했다. 이 계약으로 에어아시아는 루프트한자와 에미레이트 항공을 제치고 에어버스의 최대고객이 되었다. 2001년 이후 에어버스에서 항공기 688대를 구매하고 900억 달러 이상 지출했다.

그 해 같은 달에 9년 연속으로 세계 최고 저비용항공사로 선정됐다. 항공 산업에서 에어아시아는 더 이상 약자나 로빈 후드가 아니다. 이제 골리앗이 된 우리 앞에는 전혀 다른 도전이 펼쳐질 것이다.

레드큐 6층 벽의 벽보에는 딘이 에어아시아 얘기를 할 때 꼭 언급하는 내용이 담겨 있다. 단순하다. '최선을 다할 것. 그리고 겸허할 것'

나는 2017년 푸껫 컨퍼런스에서 경영진에게 다시 한 번 그 이야기를 했다. 주제는 미래 전략 수립과 기업문화였다. 우리의 뿌리와 사명, 가치를 다시 강조하고 싶었다. 아시아에서 항공 산업을 장악하고 싶다면 골리앗이더라도 계속 다윗처럼 행동해야 하기 때문이다. 어떻게 그렇게 하느냐가 컨퍼런스의 핵심이었다. 나는 핵심이 문화라고 말했다.

에어아시아처럼 세계를 제패하는 기업이 되려면 그에 걸맞은 문화를 어떻게 창조하고 또 유지할 수 있을까? 문화는 사람과 행동, 사고방식이 만들어 낸다.

우리는 항상 내부를 살폈다. 경쟁자에게는 신경 쓰지 않았다. 우리의 경쟁자는 우리 자신이기 때문이다. 지나친 자만심에 빠질 때, 비용에 집중하지 않을 때, 바로 그런 순간을 걱정해야 한다. 그것이 항상 경쟁자였다. 비용 측면에서 자신과 경쟁한다는 원칙이야말로 우리 위치를 지키게 해준 근본이었다.

많은 회사가 외부 브랜드 구축에 주력하지만 나는 직원이 회사를 어떻게 생각하고, 회사의 사명과 전략에 어떤 반응을 보이는지 반영하는 내부 브랜드가 더 중요하다고 믿는다. 우리 이상을 직원이 이해하고 지지하고 또 북돋운다면 절반은 이룬 셈이다. 직원도 이해하지 못하는데 외부인에게 회사의 비전을 이해시키려 한들 무슨 소용이겠는가. 직원이 정말 회사 비전을 이해하면 그 한 사람 한 사람이 걸어 다니는 광고판이고 보증서다. 그런 부분에서 지금까지 우리는 대단히 뛰어났고, QZ8501편 사고를 겪을 때 우리 직원이 대응한 방식을 통해 여러분도 그 가치를 알아보리라고 생각한다.

앞서 말했듯이 자기 의견을 표시할 수 있는 환경을 만드는 것이 무엇보다 중요하다. 에어아시아에서도 직원들이 훌륭한 아이디어를 많이 냈다. 많은 회사가 그렇겠지만 우리는 자유롭게 아이디어를 내도록 권장하는 문화를 만들었다. 16년 만에 200명에서 2만 명이 될 정도로 직원 수가 엄청나게 증가하는 경우, 그런 문화가 이어질 수 있는 환경과 발판을 반드시 구축해야 한다.

2004년, 셀리아 라오 시오 운(첫 중화권 출신 직원으로 지금은 홍콩과 마카오 지역 담당이다)이 마카오로 취항하자고 제안했다. 저비용항공사로서는 처음이었다. 그 후로 지금까지 쿠알라룸푸르를 비롯한 주요 공항에서 마카오로 하루 4번 취항하고 있다.

에어아시아 가족과 시간을 보낼 때는 항상 제안을 받고 아이디어를 얻는다. 한번은 우리 직원인 인도인 정비사 장례식에 참석한 적이 있다. 가슴 아픈 시간이었다. 장례식이 끝나고, 한 동료가 애도하면서 인도의 티루치라팔리라는 낯선 도착지 얘기를 꺼냈다. 항로 담당자에게 검토하라고 지시했고 지금은 정기적으로 취항하고 있다. 그곳 역시 업계에서 우리가 처음이었다.

에어아시아 초창기에, 수석 정비사와 대화하다가 조종사가 착륙 방식을 약간 바꾸면 타이어 수명이 늘어나리라는 의견을 들었다.

"조종사한테 얘기하지 그래요?" 내가 물었다.

"아, 그건 안 됩니다. 정비사가 조종사에게 이래라저래라 할 수는 없어요." 그가 망설이며 대답했다.

"이젠 아니에요."

당시 에어아시아 항공기는 6대인가 7대밖에 없었고 하루 비행을 마치면 모두 쿠알라룸푸르로 와서 밤새 정비를 했다. 당시에는 자주 조종사들을 소집해서 그날과 다음날 일을 상의했다. 그날 밤, 수석 정비사도 함께 불러서 그 아이디어를 얘기하라고 하고 나는 떠났다. 자정쯤 비서 킴의 전화를 받았다. "와보셔야겠어요. 회의실 분위기가 좀 험악해요."

회의실에 들어가니 조종사들이 험악한 기운을 엄청나게 내뿜고 있었다. 뭐가 불만인지 듣고 나서 내가 말했다. "여러분, 여러분에게 도움될 일입니다."

결국 바퀴 한 세트당 착륙횟수가 평균 80번에서 220번으로 증가했다. 또한 이 일을 계기로 조종사와 정비사가 밀접한 협력을 시작했다. 그날 나는 조종사와 정비사의 어깨 견장을 통일하기로 했다. 정비사가 없으면 조종사도 날지 못한다.

두려워서 자기 의견을 제대로 말하지 못하면, 아이디어는 나오지 못하고 회사는 혁신할 수 없다. 혁신하지 않는 기업은 망한다. 노키아와 블랙베리, 코닥이 가만히 멈춰 있다가 타격을 입은 것만 봐도 그렇다.

기업은 진화해야 하며 사람이 변화를 이끌어 간다. 기업이 변화에 적응하고 대처하는 방식은 대단히 중요하다.

우리는 초기부터 사내 의사소통 수단으로 구글 플러스를 사용했지만, 올스타들이 아이디어를 내고 메시지를 보내는 데 도움이 되지 않았다. 그냥 가능하지가 않았다. 어느 날, 페이스북이 사내 의사소통을 위한 수단으로 페이스북 워크플레이스를 출시한다는 기사를 월스트리트저널에서 읽었다. 나는 다음 날 페이스북에 연락해서 4일 이내에 모든 직원이 그 프로그램을 사용할 수 있게 설치하는 계약을 맺었다. 에어아시아 직원 8천 명이 즉시 대화를 나누게 되었다. 기업은 혁신해야 하고, 혁신하려면 빠르게 움직여야 한다. 이 경우 많은 회사가 최종 의사결정을 내리기 전에 기술팀과 HR을 동원하고 부서별 의견을 대변하는 대표자를 뽑아서 6개월간 평가를 진행할 것이다. 그러면 지나치게 늦어진다. 분석만 하다가 끝나는 꼴이다. 처음 아이디어는 초점과 추진력을 상실하고 시작도 하기 전에 수장되어 버린다.

나는 직원들에게 회사에서 무엇이든 마음에 들지 않으면 말하라고 한다. 무조건 동의하지는 않겠지만 아니지만 적어도 해고당하거나 질책받을 두려움 없이 말할 발판과 기회를 주겠다는 뜻이다. 예를 들어, 항공권 직원 할인 혜택이 남용되어서 할인 제도를 일부 취소했다(우리 직원은 에어아시아가 취항하는 지역 항공권을 대폭 할인 받는다). 나는 항공권 할인과 관련한 불만 메시지를 엄청나게 받았다. 직원들은 제도가 잘못됐다, 불공정하다고 말하거나 문제를 해결할 다른 방법을 제안했다. 그 의견을 듣고, 대화한 끝에 우리는 채 6시간도 안되어 제도를 개선했다. 그 때 나는 우리가 두 가지 면에서 자랑스러웠다. 첫째, 직원들은 옳지 않다고 생각하는 대상에 맞서 용감하게 일어났다. 둘째, 그들이 두려워하지 않고 나설 수 있게끔 문화와 환경이 받쳐주었다.

관리자나 임원, CEO는 누구나 개방정책을 편다고 말하지만 정작 그들 방의 문은 항상 닫혀 있다. 우리는 문이란 문을 모조리 없앴다. 개인 사무실은 불만과 정치가 발생하는 근원으로 의사소통 장벽을 만든다. 사람들이 돌아다니면서 직위와 무관하게 서로 대화할 수 있는 일터를 확보하는 게 대단히 중요하다. 현대 경영자 중에는 일터에서 그냥 걸어 다니면서 시간을 보내는 사람이 별로 없다. 6층이나 60층 상아탑에 들어앉아 자신은 사람들 속에 섞이기엔 너무 중요한 사람이라고 생각한다. 나는 근무시간 반 이상을 돌아다니면서 직원과 대화를 나눈다. 가족은 어떻게 지내냐고 물어보며 친해지고 그들 얘기에 귀를 기울이며 시간을 보낸다. 이런 행동은 모두에게 '이 사람은 내가 무슨 일을 하는지 알고 또 관심을 둔다'는 느낌을 주며, 회사에 대한 충성도를 높이고 공유를 중시하는 문화를 창조하는 데 중요한 역할을 한다. 에어아시아 비행기를 탈 때도 다를 바 없이 항상 일어나서 승객에게 "안녕하세요" 하고 인사한다. 상대가 누구든 대화할 때마다 많은 것을 배울 수 있는데, 승객들은 두 시간 동안 독 안에 든 쥐나 마찬가지다. 나는 승무원도 승객에게 최대한 정보를 얻어내라고 독려한다. 그 정보는 고객 설문지 1천 장보다 훨씬 유용하다.

내 경영 방식은 엄격하게 위계를 따지는 아시아 경영자들과는 다르다. 민주주의와 수평적 조직이 가장 훌륭한 방법이라고 믿는다. 맨 꼭대기부터 밑바닥까지 계층을 3단계만 두는 게 내 목표다. 경영이라는 나무에 많은 가지는 필요 없다. 직원들이 자기 일을 제대로 처리하고 점점 능숙해질 수 있는 환경을 조성해야 한다. 더 좋은 직함을 원하는 사람을 달래려고 계층을 만드는 경우가 무척 많지만, 경영자는 처리해야 하는 일 자체에 집중해야 한다.

이렇게 에어아시아에서 줄이려고 노력해온 한 가지가 계층구조다. 다른 하나는 조직의 가장 큰 적인 관료제다. 페이스북 워크플레이스는 관료제를 퇴치하려는 도구였다. HR이나 홍보팀에서 전 직원을 대상으로 이메일을 뿌리는 대신, 누구나 비디오를 올리거나 의견을 표현하고 논의에 끼어들 수 있다. 항공 산업 같은 곳에서는 규칙이 중요하지만, 규칙 내에서는 자유를 가져야 한다. 관료제는 창의성을 수없이 말살한다.

푸껫에서 컨퍼런스를 하면서, 에어아시아가 더 작고 젊었던 시절의 역동적인 문화로 돌아갈 방법을 두고 많은 대화를 나누었다. 스프레드시트나 회의 뒤로 숨는 사람이 지나치게 자주 보이는 것 같았다. 항공사는 승객이 안전하고 저렴하고, 즐거운 여행을 하게 해줘야 한다. 온종일 노트북 앞에만 앉아 있으면 그런 역할을 할 수 없다. 나는 모든 직원에게 가능한 한 나가서 비행기를 타라고 격려한다.

16년이 지나고, 경영에 있어 세 가지 중요한 점을 배웠다. 내 경영 철학이라고 불러도 좋다.

1. 변화에 적응해야 한다.

2. 파괴적이어야 한다. 전에는 없던 사업모델을 창조해야 한다.

3. 적합한 사람이 있어야 한다.

이 세 가지 중 하나라도 갖추지 못한 분야에서는 별로 성공을 거두지 못했다.

미래에는 에어아시아를 '단순한' 항공사가 아니라 빅데이터를 기반으로 한 기술회사로 발돋움시키는 데 중점을 두고 있다. 내가 생각하는 차세대 개척 분야기 때문이다. 데이터는 새 시대의 석유다. 나는 에어아시아가 매년 세계 최고의 저비용항공사로 뽑힐 뿐 아니라 다른 사업을 이끄는 데이터 플랫폼이 되길 바란다. 그 얘기는 다른 장에서 할 예정이다.

9. 지상 속도

배경음악 트레이시 채프먼Tracy Chapman, 〈패스트 카Fast Car〉

밖에서 보면 포뮬러 원은 무척 남부끄러운 이야기일 것이다. 결국 법정에까지 섰고 팀 성과는 좋지 않았으며, 그 과정에서 많은 돈을 잃었다. 벤처 기업으로는 재앙에 가까운 성적이다. 모두 사실이지만 진심으로 포뮬러 원이 나와 에어아시아에 좋은 경험이었다고 생각하며 한 번 더 기회가 주어진다면 다시 도전하고 싶다. 다르게 접근하겠다는 점은 인정하지만, 맹세코 도전할 생각이다.

나는 어렸을 때부터 자동차 경주에 열광했다. 어린 시절 아버지와 함께 다만사라 하이츠에서 차로 30분쯤 떨어진 거리에 있는 바투 티가의 조그만 경주로에 갔을 때가 무척 기억에 남는다. 우리는 그곳에서 주말 내내 포뮬러 투와 모토GP 경기를 모조리 관람했다. 소음과 엄청난 관중, 짜릿한 경기가 잊히지 않는다.

1977년 영국에 갔을 때, 일요일이면 통학생 친구네 집에 놀러 가서 TV로 그랑프리를 시청했다. 그 후로도 아직 학생일 때 브랜즈 해치 경주장에 가서 경주로 밖에 앉아 주말 동안 야영하면서 자동차 소리를 듣기도 했다. 경주로 안에서 볼 돈은 없었지만 주말 동안 경주로 근처에 있다는 짜릿함만으로도 충분했다.

처음부터 가장 좋아한 선수는 프랭크 윌리엄스다. 간식 상자에 붙인 스티커 속 인물이기도 하다. 프랭크는 차량을 디자인하고 생산하기 전에는 포뮬러 투와 쓰리에서 선수 겸 정비공으로 시작했다. 1977년 내가 엡솜 생활을 시작했던 해에 그는 포뮬러 원 선수권에 진입했고 1979년 자동차 제작팀 선수권에서 2위, 1980년에는 알란 존스와 함께 운전자 경기 및 자동차 제작팀 경기에서 동시에 우승했다. 프랭크가 본격적으로 경력을 쌓아간 시기와 내가 엡솜에서 새로운 삶을 시작한 시기가 같아서인지, 아니면 그가 자동차와 운전자, 경기 등 자기 일에 대한 열정이 대단해서인지는 모르겠지만 어쨌든 내게 프랭크 윌리엄스는 신화다.

나는 평생 자동차 경주에 관심을 가졌다. 1999년, 신축된 세팡 국제 서킷Sepang International Circuit에서 열린 첫 말레이시아 그랑프리를 관람하러 가족과 함께 가서 나는 눈물을 흘렸다. 포뮬러 원 엔진 회전 속도가 올라가는 소리를 듣고, 아버지가 말레이시아에서 처음 열린 그랑프리를 보신다면 어떨지 상상만 해도 감정이 북받쳤다. 그 후로 최대한 자주 세팡에 들렀다.

나는 사업에 관여하면서 새로운 세상을 접하는데, 운 좋게도 그 세상이 내가 특히 관심을 쏟는 분야인 경우가 많다. 2005년 에어아시아가 맨체스터 유나이티드를 후원했을 때도 그렇다. 에어아시아가 계약을 검토한다는 사실이 언론에 보도됐을 때, 프랑스의 대형 광고 대행사 하바스에서 일하는 마커스 와이트가 연락을 했다. 우리는 맨체스터 유나이티드 건을 함께 작업했다. 마커스 와이트와 동료 닉 락우드가 처음부터 끝까지 우리 마케팅 팀을 도왔고 그렇게 중요한 협력 관계를 형성했다.

이를 계기로 두 사람과 관계를 맺었고 지금까지 끈끈하게 지속하고 있다. 두 사람이 파아Phar라는 광고 홍보 대행사를 설립하기로 했을 때 나는 동남아시아에서 회사를 성장시키라고 권했다. 인생에는 매일 아침 지하철역에서 똑같은 열차를 타는 일보다 더 많은 게 있다고, 항상 두 사람에게 말했다. 몇 년이 지난 뒤 동남아시아에서 파르가 성장하는 모습을 지켜보면서 정말 기뻤고, 언젠가 하바스를 제치도록 도울 생각이다.

항공 업계에서 리처드 브랜슨을 제외하면 나는 꽤 배경이 특이한 편이다. 원래 마케팅과 브랜드 전략을 담당해서다. 항공사 CEO는 항공 분야 전문가 출신이 많지만 나는 다른 시각으로 이 사업을 시작했고 그 점은 내게 유리하게 작용했다. 맨체스터 유나이티드와 맺은 계약이 우리 브랜드에 무척 효과적이어서 마커스와 닉 그리고 나는 다른 아이디어를 물색하기 시작했다.

2007년은 후원사가 되기에 좋은 시기였다. 금융위기로 현금이 많이 돌지 않은 덕분에 마커스와 닉은 포뮬러 원 업계에서 갈수록 좋은 거래를 찾아 주었다. 윌리엄스 팀 자동차 한구석에 에어아시아 로고를 부착하자는 말을 꺼내기도 전에, 선수 헬멧에 로고를 넣자는 논의부터 시작했다.

다른 거래와 마찬가지로 후원 계약을 할 때도 동업자와의 관계를 중요하게 생각했다. 윌리엄스 팀에 투자를 확대하려던 시점에, 딘과 나는 2007년 3월 프랭크 윌리엄스를 만나러 옥스퍼드셔로 갔다. 앞서 말했듯 내 삶은 이렇게 꿈을 이루는 과정이었다. 이런 글을 쓰게 될지 열다섯 살에 알았더라면 내 손을 꼬집어 봤을 것이다. 내 삶에서 가장 가슴 떨리는 만남이었다. 프랭크 윌리엄스는 정말 놀라운 사람이었다. 우리 후원 계약은 3년 동안 윌리엄스 팀 자동차에 작은 에어아시아 로고를 부착하는 내용이었지만 그건 중요하지 않았다. 프랭크는 우리와 계약하면서 계약 자체보다 더 귀한 성명을 발표했다.

> 최근 에어아시아를 우리 파트너로 맞이하게 되어 대단히 자랑스럽습니다. 아무것도 없이 시작한 에어아시아는 5년간 사실상 싱가포르 항공보다 더 많은 승객을 태웠고, 세계를 대상으로 아주 명확한 야망을 품은 인상적인 기업입니다. 계속해서 전 세계로 뻗어 나가는 데 우리가 도움이 되길 바라며 에어아시아가 취항하는 지역에서 열릴 수많은 경기에 당연히 에어아시아 비행기를 타고 참가하기를 고대합니다.

후원할 때 중요한 것은 지출 금액이나 로고 노출 시간이 아니라, 그 후원 관계가 사람들에게 얼마나 흥미를 끄느냐다. 후원 전략을 세우는 사람들은 이를 '활성화'라고 부른다. 활성화에는 계획과 예산이 필요하다. 윌리엄스나 맨체스터 유나이티드에게 돈을 지급하고 나면, 관계를 이용해서 효과를 짜내는 데 그만큼의 돈을 더 써야 한다. 어떤 후원 계약이든 효과를 보려면 활성화가 무척 중요하다.

2007년 4월 8일, 나는 빨간 에어아시아 야구 모자를 쓰고 윌리엄스 팀과 함께 세팡 국제 서킷 출발점에 섰다. 아버지가 나를 보셨다면 무척 자랑스러워하셨을 것이다. 눈물을 훔치며 주위를 둘러보았다. 관중석에 팬이 12만 명이나 모였고 전 세계에서 수백만 명이 지켜보고 있었다. 그 주 초에 윌리엄스 F1 팀이 윌리엄스 상징색으로 칠한 에어아시아 에어버스를 타고 쿠알라룸푸르에 도착하는 장면이 TV에 방송됐다. 활성화가 성과를 올리기 시작했다.

솔직히 말해서 얼마든지 윌리엄스 후원 계약을 지속할 생각이었다. 나는 그랑프리에서 프랭크 윌리엄스나 론 데니스(맥라렌의 전설)을 비롯한 대단한 선수들과 어울렸다. 에어아시아는 이런 특별한 장면을 전 세계에 내보내며 이득을 봤다. 2008년 TV로 포뮬러 원 경기를 시청하는 시청자 수를 6억 명으로 추산한다. 아무리 엄청난 광고 물량을 쏟아내고 영리한 마케팅이나 논쟁의 소지가 많은 홍보를 한들, 이만큼 인지도를 높이기는 어렵다. 부수적인 행사며 파생 활동을 통해 얻은 효과를 생각하면 투자 가치는 충분했다.

하지만 2009년 7월, 애스콧에 가는 길에 전화를 받았다.

"토니, 나 데즈야."

"반갑다, 데즈. 무슨 일이야?"

"자동차 경주 좋아한다며? 내 친구가 F1 팀에 같이 입찰할 생각 있냐고 물어봐 달래서."

"하하."

"진심이야. 관심이 있는지 모르겠지만 2010년 시즌에 자리가 하나 있거든. BMW가 입찰을 철회해서 자리가 났어."

살면서 누군가 기회를 제공한다면, 최소한 검토는 제대로 해봐야 한다.

나는 국제자동차연맹 회장 맥스 모즐리를 만나러 브랜즈 해치[2)]에 갔다. 우선 포뮬러 원 팀 운영비용이 얼마인지 솔직하게 말해달라고 했다. 맥스는 1년에 4천만 달러 정도라고 대답했다. 2010년 시즌에는 기술과 정비 측면 중요도를 낮추고 다시 경주 자체에 집중할 계획이라서 작년보다는 비용이 적은 편이라고 했다. 솔깃한 얘기였다. 여전히 눈물이 쏙 빠질 금액이지만, 기술 예산을 퍼붓기보다 선수끼리 겨루게 한다는 말은 새 팀이 뜻밖에 점수를 올릴 가능성도 없지 않다는 의미였다. 딘과 나는 투자 금액을 꼼꼼히 검토하고 그래도 다른 파트너가 필요하다는 결론을 내렸다. 자동차 대기업 나자 그룹의 CEO S.M 나자루딘에게 전화해서 함께 투자하겠다는 동의를 얻었다.

이 일을 하려면 아무것도 없는 상태에서 팀과 자동차를 만들어내야 했다. 에어아시아를 시작할 때처럼 우리는 아무런 지식이 없었다. 맥스를 만나고 나서 곧바로 마이크 개스코인 이라는 남자와 대화했다.

마이크는 최근에 포스 인디아(예전 명칭은 스파이커) 팀에서 최고 기술 책

---

2) Brands Hatch: 영국 잉글랜드 켄트에 있는 자동차 경주장

임자로 일했고, 그 전에는 맥라렌, 티렐, 조던, 베네통/르노, 토요타에서 일했다. 포스 인디아를 그만둔 상태였으므로 우리 자동차 설계와 제조를 책임지는 기술 책임자로 계약했다.

그렇게 우리는 덤벼들었다. 자동차 경주 대회를 주관하는 FIA(F□deration Internationale de l'Automobile, 국제 자동차 연맹)에 등록하려고 공동으로 입찰에 참여했고 은행 지급 보증서를 제출했다. 딘과 나는 자금 쪽을 검토하고 입찰은 수년간 로터스에서 일한 니노 저지, 스포츠 마케팅 전문가 해리 너틀 경, 마이크 개스코인 등 전문가에게 맡겼다. 페트로나스에게 후원을 받고 싶었지만 페트로나스는 자우버 팀을 선택했다. 말레이시아 에너지 기업이 자국 팀을 후원하지 않다니 안타까운 일이다. 하지만 DRB-하이콤을 모회사로 둔 말레이시아 자동차 회사 프로톤은 우리 팀에게 유서 깊은 로터스 레이싱 브랜드를 사용하라고 허락했다. 우리 팀은 2009년 7월 등록 신청을 하고 기다렸다.

한 달 후, 런던 체스터 스퀘어 집에 있는데 자정쯤 전화벨이 울렸다. 맥스 모즐리였다.

"포뮬러 원 팀 주인이 된 걸 축하하네."

그 말이 잘 실감이 나지 않았다. 데즈에게 처음 전화를 받은 일, 그때까지 들어간 투자액, 모터스포츠를 둘러싼 떠들썩한 분위기까지 모든 것이 비현실적이었다.

이제 아슬아슬한 속도로 움직여야 했다. 로터스처럼 경기하려면 6개월 안에 팀을 구성해서 선수를 영입하고 자동차를 준비해야 한다. 일이 진행되는 속도가 얼마나 빠른지, 직접 일하는 사람들은 물론 나까지 피곤해졌다. F1에서 빈자리를 차지할 무렵 나, 마이크, 운영 책임자 키스 사운트, 총괄 책임자 폴 크레이그까지 우리 '팀'은 4명이었다. 마이크의 여자친구 실비가 자원해서 대외 업무를 맡았고 이후 인사, 홍보, 마케팅을 담당했다.

2009년, 시간이 흐르면서 2010년 시즌에 출전할 선수로 경험이 풍부한 야르노 트룰리와 헤이키 코발라이넨을 영입했다. 그럴듯해 보였다. 돈은 많이 들었지만 근사했다.

2009년 10월 어느 날 오후 쿠알라룸푸르 집에 있는데 전화벨이 울렸다. 번호를 보니 노퍽 힝험에 있는 팀 사무소였다. 수화기 너머로 팀에서 자동차 엔진을 시험하는 굉음이 들렸다. 모든 게 현실이라는 느낌을 받은 순간으로 기억에 남아 있다.

뚜껑을 열어볼 시간은 금세 다가왔다. 2010년 2월 12일, 왕립 원예학회 행사장에 기자를 모아놓고 로터스 코스워스 T127을 전 세계 자동차 경주계에 소개했다. 행사장은 장관이었다. 유리 천장으로 햇빛이 들어와 나무 바닥과 흰 벽을 눈부시게 비추며 반짝였다. 전통적인 로터스 상징색인 초록과 노랑으로 칠하고 세계 언론을 마주한 무대에 선 우리 자동차는 놀라운 자태를 뽐냈다. 클라이브 채프먼, 스털링 모스, 마이크 및 선수들과 나란히 서서 짤막하게 연설하면서도 믿기지 않아서 내 살을 꼬집어 봤다.

"지난 5개월 동안 팀이 열심히 일한 결과를 오늘 이 자리에서 전 세계에 소개할 수 있어 큰 영광입니다. 출전을 확정하고 차의 베일을 벗겼다는 점에서 두 가지 중요한 이정표를 세웠지만, 지금부터가 진정한 시작입니다. 이제 시험을 거쳐 다음 시즌 경기를 준비할 예정입니다. 2009년 9월 처음으로 로터스 레이싱을 부활시킨 후로 나날이 커지는 전 세계 팬 여러분의 성원에 힘입어, 어디서든 우리 팀이 기대 이상의 성과를 낼 거라고 자신합니다."

일 년 동안 골머리를 썩였고 내 기억으로는 엄청난 자금을 쏟아 부었지만, 바레인 경기장 출발점에 로터스 레이싱 팀과 함께 걸어 나가던 기억은 절대 잊지 못할 것이다. 우리는 1994년 이후 출전을 중단했던 로터스 브랜드를 부활시킨 것을 자랑스럽게 생각했다. 두 선수가 경주를 마친 것만으로도 성과였다. 그 시간 안에 차를 만들고 그랑프리를 통과한 자체가 성공이었다.

내가 살면서 사랑한 존재는 라이브 음악, 항공기, 축구 경기 등으로 대부분 시끄러운 편이지만 포뮬러 원 피트 레인[3]에 섰을 때 들리는 소음에는 비할 바가 안 된다. 엔진 출력과 소음에 땅이 흔들릴 정도였다. 차가 매연을 내뿜고 정비공이 무리지어 다니고, 창고에 장비며 타이어가 가득하고, 잠시라도 엔진 소음이 멈추면 팬이 돌아가는 소리가 윙윙거렸다. 오감을 모조리 공격하는, 압도적이면서도 진 빠지는 곳이었다. 바레인 그랑프리가 끝나고 했던 TV 인터뷰에서 나는 신나 보였지만 사

3) pit lane: 자동차 경주 도중에 점검, 수리, 급유 등의 작업을 하는 곳

실은 완전히 기진맥진했고, 엄청나게 강렬한 경험을 하고 난 다음이라 얼떨떨해서 눈이 초롱초롱했다.

포뮬러 원 시즌은 놀랄 만큼 황홀했다. 한 달 후 말레이시아 경기장에서 출발점을 걸어갈 때는 현실 같지가 않았다. 1999년 그곳에서 첫 그랑프리가 열렸을 때도 무척 감상적이었지만 고향에서 팀 소유주가 된 기분은 말로 형용하기 힘들었다. 기회를 무시하고 말도 안 되는 생각이라며 데즈 전화를 끊어버렸다면, 내 포뮬러 원 팀이 말레이시아에서 경기하는 모습은 절대 보지 못했을 것이다. 부딪쳐 보라는 말을 늘 떠올린다.

시즌 동안 우리 팀 성적은 아주 엉망은 아니었지만 훌륭하다고 할 수도 없었다. 결국 순위권에는 들지 못했지만 상당히 이목을 끌었다. 모나코 그랑프리가 끝나고 니코 로즈버그와 저녁 식사를 하는데 리처드 브랜슨이 버진 레이싱팀의 CEO 알렉스 타이와 함께 걸어왔다. 두 사람은 우리 테이블에 앉았고 우리 넷은 이번 시즌 망하다시피 한 성적을 두고 격의 없이 농담을 주고받았다. 버진에도 레이싱팀이 있었는데 우리처럼 성적이 좋지 않았다. 이번 시즌을 흥미진진하게 만들 아이디어가 떠올라서 내기를 했다. 간단한 내기였다. 선수권 대회에서 순위가 낮은 팀 소유주는 이긴 팀 항공사의 승무원 유니폼을 입고 일하기로 했다. 그 내기로 의욕이 활활 불타올랐다. 버진 유니폼을 입어야 할지도 모른다는 생각에 남은 기간 팀을 힘껏 채찍질했다.

아부다비에서 열린 마지막 경기에서 우리는 정말 막상막하였다. 헤이

키가 일본에서 12위를 한 덕분에 로터스 순위가 버진보다 약간 올라갔다. 하지만 아슬아슬했다. 버진 선수가 아부다비에서 12위보다 높은 순위를 기록했다면 나는 버진 승무원 블라우스와 치마를 입을 판이었다.

결국 리처드가 에어아시아의 빨간색 유니폼을 입기로 했다. 유니폼을 들고 있다가 경기장 피트레인에서 리처드가 내 옆을 지나갈 때 넘겨주면서 에어아시아 배지를 셔츠에 달아주었다. 브랜슨 이름이 적힌 배지였다. 나는 웃음을 터뜨렸고 리처드도 그답게 웃었다.

"비행기에서 봅시다!"

리처드가 미루는 바람에 시작을 세 번 그르쳤다. 다 그럴만한 이유가 있었다. 스키를 타다가 다쳐서 다리 수술을 했고, 그 다음에는 윌리엄 왕자와 케이트 미들턴의 왕가 결혼식에 참석했고, 이제야말로 다 준비되었다 싶었는데 어느 날 밤 안타깝게도 네커 아일랜드에 있는 그의 집이 불에 탔다. 말했듯이 어느 하나 그의 잘못이 아니었다.

결국 2013년 5월 13일 호주 퍼스에서 일정을 맞췄다. 우리는 스타라이트 아동 재단 기금 모금 행사에 참석하려고 리처드가 승무원으로 일하기로 한 대망의 날 하루 전에 도착했다. 스타라이트 아동 재단은 병원에 입원했거나 많이 아픈 어린이를 돕는 훌륭한 일을 했다. 우리는 에어아시아 X가 항공권을 판매할 때마다 호주 달러로 100달러씩 기부하겠다고 어린이 가족들과 함께 발표했다.

나는 한 손에는 맥주잔을, 다른 손에는 면도기를 들고 먼저 청중을 바라보며 활짝 웃은 다음 리처드를 보고 미소 지었다. "브랜슨, 이제 바지 벗어요."

리처드가 마지못해 반바지를 벗었고 우리 직원들이 다리털을 밀자 좌중이 폭소를 터뜨렸다. 리처드가 호텔로 돌아가서 다섯 시간 반 동안 체험할 승무원 업무를 준비할 동안 우리는 파티를 계속했다. 살면서 내기에서 이긴 게 그렇게 즐거웠던 적은 처음이었다. 그래서 밤새도록 파티를 하고 새벽 4시에 돌아가다가 호텔을 나오는 리처드를 만났다. 나는 리처드에게 잠시 기다리라고 하고, 씻고 옷을 갈아입고 나와서 함께 공항으로 갔다. 우리 직원이 리처드 얼굴에 속눈썹을 붙이고 볼연지를 바르고, 마구 립스틱을 칠할 때 내 기분이 아주 살짝 좋아졌다.

그런 다음 리처드는 에어아시아 X 유니폼으로 갈아입었다. 선명한 빨간 치마와 재킷, 흰색 블라우스였다. 리처드는 한술 더 떠서 유니폼에 어울리는 빨간색 하이힐을 신었다. 간단히 기자회견을 하고 리처드가 내 볼에 립스틱 자국을 남긴 다음, 나는 여승무원을 안듯이 두 팔로 리처드를 안아 들었다. 숙취도 엄청 났는데 그 무게를 들어 올리려니 한계가 오려고 했다.

리쳐드는 기내 안전 시범을 보이면서 우왕좌왕했다. 그렇게 비행기를 많이 탄 사람이 안전띠도 제대로 못 매는가 하면 질끈 묶은 머리 위에 있는 구명조끼는 꺼내지도 못하고, 산소마스크는 거꾸로 들었다. 나는 그 상황을 마음껏 즐겼다.

그래도 리처드는 통로를 걸어 다니며 음료수를 서빙하고, 승객에게 추파를 던지기도 하고 기내 방송을 하며 온몸을 던져 충실하게 임무를 수행했다. 그리고 작은 복수를 하기로 마음먹고선 주스 잔이 잔뜩 놓인 쟁반을 들고 내게 다가왔다. 승객들이 부추기자 그는 소리쳤다. "할까, 말까?"

내가 비는 시늉을 했지만 리처드는 쟁반을 내 무릎에 엎었다. 옷을 갈아입는 것쯤이야 얼마든지 할 수 있었다. 게다가 내가 입은 티셔츠 앞판에는 '커피나 차 드릴까요? 아니면 리처드를?' 등판에는 '리처드가 T&CO를 갖다 줬어(T&CO는 에어아시아 기내 커피 브랜드다)' 라고 적혀 있었다.

쿠알라룸푸르에서 열린 기자회견에서 나는 리처드를 해고하면서 말했다. "리처드는 기사 작위를 받았으며 기업가이자 지도자, 모험가입니다. 리처드 경은 그 긴 경력에 에어아시아 승무원 직함도 추가했습니다." 그런 다음 진짜 포뮬러 원 스타일로 샴페인을 흔들어 서로 얼굴에 뿌리며 행사를 끝맺었다.

사람들은 아직도 그 일을 기억한다. 2017년, 로스앤젤레스에 있는 베벌리 윌셔 호텔에서 엘리베이터를 기다리는데 한 남자가 다가와서 물었다. "토니 페르난데스 씨 맞습니까?"

나는 그렇다고 대답했다.

"요즘에는 리처드 브랜슨이랑 내기 안 하시나요?"

리처드와 나 둘 다 브랜드 구축에는 귀재였다. 그 행사 하나가 수십억 달러의 홍보 효과를 가져왔고 모든 건 포뮬러 원에서 시작했다. 처음 보기에는 밑 빠진 독에 돈을 퍼부어야 할 것 같았지만, 그 기회를 통해 연줄과 가능성이 열리면서 에어아시아 브랜드에 대단히 좋은 영향을 주었고 상대적으로 보면 비용은 한 푼도 들지 않았다.

포뮬러 원이라는 모험을 치르면서 파생 효과가 많이 발생했다. 인맥이 얼마나 강력한 힘을 발휘하는지도 보여줬다. 사람들과 우연히 마주치는 것만으로도 엄청나게 흥미진진한 일이 일어날 수 있다. 내가 항공 산업을 두고 강조하는 이야기와도 일맥상통한다. 직원 2만 명의 지성을 이용할 수 있는데 뭐 하러 10명의 두뇌(임원진)에만 의존하겠는가? 승무원에게 하는 말도 마찬가지다. 승객 2억 5천만 명에게 직접 물어보면 되는데 왜 설문조사에 의존하는가? 네트워크를 구축하고 의사소통을 해야 혁신과 발전을 끌어낼 수 있다. 우리가 성공한 것은 효과적인 브랜드 전략뿐만 아니라 인맥의 힘, 사람들과 잘 어울리는 내 능력 덕분이기도 하다. 나는 언제나 최대한 많은 사람과 관계를 맺으려고 노력한다. 경영자는 기업 내부 위주로 생각하고 자기 사업만 집중하기 쉽지만, 산업 밖에서 맺은 관계와 우정은 항상 기대하지 못했던 기회를 열어준다.

포뮬러 원 첫 시즌이 끝나갈 무렵 우리는 다시 고민해야 했다. 버진을 이기기는 했지만 승점은 전혀 따지 못했다. 아무것도 없이 팀을 시작하려고 한데다 그랑프리를 저비용으로 진행하겠다던 약속이 전혀 실현되지 않은 것이 가장 큰 이유 같았다. 맥스 모즐리가 예상했던 4천만 달러는 어림도 없었다. 내 생각에는 포뮬러 원 팀을 운영하는 데 경주용 차 개발비용을 제외하고 1년에 8천만 달러 가까이 든다. 돈이 큰 문제였다.

그리고 로터스 브랜드 사용에 문제가 생겨 벽에 부딪혔다. 로터스 레이싱 사용 자격 문제로 법정까지 갔다. 이 논쟁은 결국 영국 고등법원까지 넘어갔다. 재판 한 건 때문에 12시간 동안 증인석에 선 적도 있다. 로터스라는 브랜드명을 사용할 권리가 누구에게 있냐는 게 갈등의 쟁점이었다. 채프먼 가족(로터스를 설립한 콜린 채프먼의 아들과 미망인), 데이비드 헌트 그리고 우리에게 최초로 허가를 승인했던 프로톤이 관련되어 있었다.

프로톤이 우리에게 허가한 로터스 사용권에 데이비드 헌트가 이의를 제기하면서 문제가 생겼다. 프로톤이 로터스 스포츠카를 생산하는 로터스 그룹을 소유했지만 데이비드 헌트는 자신에게 로터스 팀 브랜드 소유권이 있다고 주장했다. 이 분쟁은 최종 해결될 때까지 얽히고설켜서 2년 동안 계속됐고 우리는 새 팀명을 찾아야 했다.

그 와중에 새로운 기회가 문을 두드렸다(그때 잠옷을 입고 있었는데 정말 누가 문을 두드렸다). 내가 대답하자 두 남자가 혹시 케이터햄Caterham Cars을 인수할 생각이 있냐고 물었다. 케이터햄은 영국의 상징적인 스포트카 브랜드로 지금까지 고품질 자동차를 생산한다. 딘과 나는 2011년 초 케이터햄을 인수했다. 회사 자체가 유망하다고 믿었을 뿐만 아니라 로터스 브랜드 분쟁에서 빠져나올 방법이 되리라고 생각했다. 얄궂게도 케이터햄은 로터스와도 관련이 깊었다. 로터스 설립자 콜린 채프먼은 1970년대에 아주 유명한 차 '세븐' 제조 면허를 케이터햄에 판매했다(사실 그 차는 아직도 세계적으로 명성이 높으며 1년 치 주문을 쌓아두고 있다).

2011년 11월, 우리는 팀명을 케이터햄 F1으로 바꾸고 프로톤이 로터스 F1을 사용하기로 프로톤과 협의했지만 법적 문제는 아직 해결되지 않았다. 초록색을 팀 색으로 사용하려고 하자 로터스는 우리가 로터스 행세를 한다고 주장했다. 하지만 우리는 꿋꿋하게 2011년 시즌을 진행했고 경주로에서 더 한결같이 경기를 이어나갔다. 여전히 승점을 따지는 못했지만 10위를 기록해서 적어도 상금은 받아냈다. 최고 수준에서 경쟁할 수 있다는 사실을 증명한 셈이다.

나아지기는 힘들었다. 세 번째 시즌 막바지에 정확히 똑같은 성과를 냈고 자동차 개발 자체는 사실상 퇴보했다는 느낌이 들었다. 그다음 시즌에는 11위를 기록했으며 자금이 완전히 바닥났다. 내게는 마지막 결정타였다.

너무 기진맥진해서 포뮬러 원 모험을 계속하기가 어려웠다. 결국 2014년 케이터햄 F1을 판매했다(케이터햄 회사를 판매하진 않았다). 새 소유주도 계속 문제를 겪었고 결국 4개월 만에 팀을 해산했다. 대단히 안타까웠다.

이 모든 일을 겪었지만 지금도 언젠가는 다시 경주로 출발점에 서고 싶다. 이런 말을 하면 다들 비웃으며 내가 미쳤다고 생각한다. 하지만 그런 반응을 접하면 처음 항공사를 설립하겠다고 말했을 때가 떠오르고, 해내고 싶은 욕망이 더 강해질 뿐이다. 버니 에클레스톤이 경영권을 넘기고 물러나면서 포뮬러 원은 근본적으로 새로운 국면을 맞이했다. 지난 몇 년 동안 자동차 경주가 예전처럼 흥미진진하지 않았으므로 진작 이런 변화가 일어났어야 했다.

축구계에도 문제는 있지만, 축구 경기는 누가 이길지 알 수 없다. 제정신이라면 아무도 2015년~2016년 프리미어리그에서 레스터 우승에 돈을 걸지 않았을 것이다. 하지만 포뮬러 원에서 케이터햄이 우승할 확률은 아예 없었다. 포뮬러 원은 너무 정형화되어 있기에 예산이 가장 많은 팀이 시상대에 설 확률이 100%에 가깝다. 또한 지나치게 기술 위주로 운영한다. 기술자가 가장 중요한 요소가 되었지만, 나는 전적으로 운전자 능력 위주여야 한다고 생각한다. 테니스에서 비외른 보리가 온갖 선수권을 휩쓸었던 것은 라켓이 일리에 너스타세보다 좋았거나 그가 속한 팀이 지미 코너스 팀보다 커서가 아니었다. 선수 대 선수로 대결했을 때 비외른의 시력이 출중해서였다. 크리켓도 마찬가지다. 비브 리처드와 서닐 가바스카가 훌륭한 선수였던 것은 배트가 아니라 속도 감각, 경기를 읽는 눈, 타법이 월등했기 때문이다.

나는 평생 모든 것을 단순하게 만들려고 애썼고 포뮬러 원에도 단순화가 필요했다. 자동차가 지나치게 복잡하고 경기 규칙 역시 말도 안 되게 복잡해서 정작 팬들이 경기를 관람하는 이유인 선수 간의 경쟁이 어정쩡해졌다. 에디 조던이 팀을 만들어서 그랑프리에서 우승한 게 그리 옛날 일도 아니건만 이제 그런 일은 일어날 수 없다. 포뮬러 원은 진짜 경주에 집중하고 자동차를 훨씬 더 표준화해야 한다.

복잡성과 엄청난 투자금도 경기의 매력을 떨어뜨린다. 포뮬러 원 경기를 관람하는 젊은 층이 줄어드는 것 같은데 향후 인기를 생각하면 이는 좋은 징조가 아니라고 본다. 그리고 생각만큼 세계적인 스포츠도 아닌 듯하다. 최근(2017년) 출전한 선수 24명 중에 비유럽 출신 선수는 4명뿐이고 극동이나 동남아시아 지역 출신 선수는 아예 없다. 중국이나 말레이시아에서 우승자가 나올 확률은 전혀 없다. 선수가 되는 데 들어가는 돈도 문제다. 포뮬러 원 선수가 되려면 수백만 달러가 드는데, 베트남이나 인도 출신의 가난한 아이가 꿈이나 꿀 수 있을까.

그래도 포뮬러 원을 경험하면서 많은 것을 얻었다. 포뮬러 원 덕분에 에어아시아 브랜드가 자격에 걸맞은 세계적 명성을 얻었을 뿐 아니라, 나 개인과 우리 회사도 새로운 기회를 잡았다. 포뮬러 원이 아니었으면 나는 QPR에 발을 담글 수 없었을 테고, 우리 회사도 상당히 흥미진진한 두 기업을 인수하지 못했을 것이다.

케이터햄은 1970년대 이후 사실상 기업으로서 체계적인 경영을 하지 않았기 때문에, 신기술을 도입해서 확장할 가능성이 얼마든지 있었다. 이런 점이 에어아시아가 탄생할 때와 비슷하다고 생각했다. 몇 년 전에 스마트 자동차를 샀는데, 항상 이런 차가 자동차 산업의 미래라는 생각이 들었기에 케이터햄에서 전기 자동차를 개발하여 더 폭넓은 구매층에 소개하고 싶다. 또한 3d 프린팅 기술로 자동차를 제작하여 생산할 생각이다. 이런 기술을 개발하면 자동차 제조업을 내 신념에 맞게 더욱 자연 친화적이고 지속 가능한 사업으로 만들 수 있다. 몇 년 안에 케이터햄에서 정말 특별한 차가 나오더라도 놀랍지 않을 듯하다.

비행기용 경량 시트를 생산하는 마이러스Mirus라는 회사도 설립했다.

마이러스는 포뮬러 원 차량용 시트를 만들면서 개발한 기술을 활용하여 현재 시장에 나온 그 어떤 비행기용 시트보다 자연친화적이고 가벼운 제품을 생산한다. 한 좌석의 무게를 아주 조금이라도 줄이면, 비행할 때마다 연료 사용량을 대폭 줄일 수 있다. 가능성이 매우 높은 사업이라고 생각한다.

포뮬러 원은 신나는 경험이었고 나는 한순간도 후회하지 않는다. 포뮬러 원에서 성공 사례(best practice)와 기술을 많이 배워서 대부분 에어아시아에 반영했다. 에어아시아 브랜드가 전 세계에 노출되기도 했다. 에어아시아 하면 포뮬러 원 경주로와 세계적인 브랜드들이 연상된다. 항공기를 두 대에서 200대로 늘리려면 브랜드를 강화하지 않고는 불가능하다. 그 과정에서 맨체스터 유나이티드와 포뮬러 원 후원이 주요 역할을 했다.

나는 포뮬러 원으로 커다란 자신감을 얻었다. 저비용항공사나 만지작거리는 별 볼 일 없는 아시아 사업가가 갑자기 국제무대에서 로터스 레이싱 대표이자 세계에서 가장 큰 스포츠 행사에 격주로 나타나는 인물이 됐다. 그러면서 사람들의 시각과 대우가 달라진 게 중요하다. 페트로나스가 포뮬러 원 때문에 우리 대출 이자를 낮췄다고 했을 만큼, 포뮬러 원으로 우리는 사람들에게 인정받는 귀한 이름을 얻었다.

포뮬러 원 세계에서 고위 인사도 많이 만났다. 버니 에클레스톤은 정말 놀라운 사람이다. 언론에서 좋은 평도 나쁜 평도 많이 받지만 내가 보기에는 걸출한 인물이다. 버니는 내게 기회를 보면 항상 움켜쥐라고 충고해주었다. 론 데니스 역시 대단히 에너지 넘치는 사람이었다. 그에게 많이 배웠다. 일할 때마다 발휘하는 투지, 에너지 그리고 정확성에 많은 자극을 받았다.

이색적인 이탈리아 사업가 플라비오 브리아토레도 만났다. 플라비오는 향후 르노 팀이 된 베네통 팀에 투자했다. 포뮬러 원이 아니었다면 그랑프리 경주 종료 깃발처럼 다채로운 과거사를 지닌 플라비오를 만나지 못했을 것이다. 그 당시 플라비오와 버니 에클레스톤은 런던 서부 축구 구단 퀸즈 파크 레인저스의 지분을 과반수 보유하고 있었다. 2010년 말 어느 날, 플라비오가 내게 전화했다.

"토니, 나 플라비오야. 지금 버니와 같이 있어. QPR 지분 30% 살 생각 있나?"

10. 우리는 QPR이다

배경음악 피그백Pigbag,

〈파파 갓 어 브랜 뉴 피그백Papa's Got a Brand New Pigbag〉

웸블리 경기장에서 영화 같은 최종 우승을 축하하며, 세계적인 미드필더가 나를 들어 올려 목말을 태워줬다. 주위에는 4만 명이 넘는 팬들이 우리 이름을 외치며 노래를 불렀다.

아니, 꿈이 아니다. 아래쪽에서 조이 바튼이 신음하는 소리가 들렸다.

"세상에! 토니, 살 좀 빼면 안 돼요?"

조이는 고개를 들고 나를 보며 활짝 웃더니 계속 노래를 불렀다.

"우리는 QPR이다, 우리는 QPR이다! 우리는 QPR이다!"

2014년 5월 화창한 오후 5시 15분. 조이 바튼의 허리가 좀 걱정되긴 했지만, 아이들이 태어났을 때를 제외하면 내 삶에서 가장 행복한 순간이었다. 챔피언십이 끝나고 우리는 다시 프리미어리그로 승격했다. 웸블리 최종 우승은 축구 팬이라면 누구나 꿈꾸는 일이다. 구단주로서 꿈만 같았다.

축구는 내 삶에서 잊을 수 없는 추억을 만들어줬다. 70년대에 아버지와 TV로 브라질 축구 경기를 봤을 때, TV에서 웨스트햄 경기를 처음 봤을 때, 어머니가 셀프리지에서 웨스트햄 티셔츠를 사줬을 때, 경기장에 처음 갔을 때, 40대에 버스를 타고 챔피언십 경기를 보러 에티하드 스타디움에 갔을 때, 프리미어리그에서 강등됐을 때 그리고 웸블리에서의 그날 오후. 황홀감은 쉽게 잦아들지 않았다.

에어아시아를 시작하면서 우리 앞에 펼쳐진 온갖 문제와 씨름하면서도 웨스트햄 경기는 조금씩 챙겨 봤고 웨스트햄 구단에서 뛰었던 전직 선수들과 친해졌다. 2006년 말, 웨스트햄의 전설 토니 코티와 몇 사람이 내게 웨스트햄을 인수할 생각이 있냐고 물었다. 웨스트햄은 결국 아이슬란드 사람인 비요르골푸르 구드문드손과 에게르트 마그누손에게 넘어갔지만 나는 그 일을 마음 한구석에 간직하고 계속 웨스트햄 홈구장 업튼 파크에 다니면서 주요 선수들과 관계를 유지했다.

2007년~2008년 아이슬란드에 금융위기가 닥치면서 구단주가 파산했고 웨스트햄을 인수할 기회가 다시 찾아왔다. 축구협회 관계자들과 논의하면서 거의 성사 단계까지 갔다. 일을 진행하면서 딘은 연락을 받고 쿠알라룸푸르에 돌아갔지만 나는 남았다. 며칠 지나지 않아 딘에게 계약서에 서명하러 런던에 오라고 했다. 딘이 탄 비행기가 막 이륙할 무렵 협회 관계자가 전화해서 데이비드 설리번과 데이비드 골드가 웨스트햄을 인수했다고 말했다. 그들과 경쟁한다는 건 알았지만 우리가 결승선에서 한발 앞섰다고 생각했다. 딘과 나는 실망한 채 쿠알라룸푸르행 비행기를 탔다. 막 포뮬러 원을 시작했을 무렵이었고 재정적 압박이 상당했다.

플라비오 브리아토레는 축구를 두고 유명한 얘기를 했다. "다시는 축구팀에 투자하지 않을 겁니다. 돈이 넘쳐나서 낭비할 데를 찾는다면 또 모르죠. 2년 안에 빈털터리가 될 테니 그런 걱정도 사라질 겁니다."

하지만 아주 관심 있는 분야에서 제안을 받았을 때 "안 된다"고 말하기는 쉽지 않다. 웨스트햄을 인수할 뻔하고 몇 년이 지나 플라비오가 연락했다. 플라비오와 버니 에클레스톤은 나를 기운 넘치고 상황을 개선할 수 있을 사람으로 보고 플라비오의 지분을 사들일 후보로 지목했다. 플라비오는 지난 4년 동안 아주 힘든 시간을 보냈다. QPR 팬들은 팀 문장을 바꾼 것, 소유주가 그렇게 부자인데 정기권 가격을 대폭 인상한 것 등에 불만을 표시했다. QPR 마스코트를 검은 고양이 주드에서 호랑이로 바꾼 게 치명타였다(이탈리아에서는 검은 고양이를 불길하다고 생각하지만 주드는 오랜 세월을 QPR과 함께했다). 플라비오는 경기장 밖에서도 포뮬러 원과 관련된 여러 가지 스캔들 탓에 축구 협회와 갈등을 겪었다. 플라비오가 축구 구단을 소유주로서 '합당한' 사람인지 협회에서 의문을 제기했다. 상황이 엉망이었지만 나는 관심이 생겼다. 어느새 버니 에클레스톤도 갈 데까지 갔다며 자기 지분도 내게 팔 수 있다고 말했다. 그렇게 또 나는 뭔가 제안을 받았고 다시 자문했다. '지금이 아니면 언제 할 수 있을까?' 그 대답은 한 번도 의심할 여지가 없었다.

QPR을 인수하기 전(QPR에 얽힌 추억과 축구에 대한 애정으로 나는 아주 절실했다), 첫 프리시즌 경기가 열릴 때 플라비오와 함께 가서 경험이 풍부한 감독 닐 워녹과 선수 몇 명을 만났다. 다들 내가 누군지 전혀 몰랐다. 그 해 여름 내내 시즌 첫 경기가 열리기 전까지 협상했다. 15년 동안 챔피언십에 머무르던 QPR이 프리미어십으로 올라와서 처음 하는 경기였다.

볼턴은 내 QPR 인생에서 항상 중요한 역할을 하는 것 같다. 볼턴의 홈구장에서 우리가 지켜보는 가운데 QPR은 볼턴에게 4:0으로 졌다. 그렇게 탐탁지 않은 성적으로 시즌을 시작했고 여름 동안 희망에 부풀었던 우리 마음에도 찬물을 끼얹었다. 나는 플라비오를 비롯한 이사진과 프리미엄 석에 앉아 있었다. 종료 15분 전, 승산이 전혀 없을 때 다른 사람은 대부분 떠났고 좌석에는 나 혼자였다. 그날 밤 BBC 〈오늘의 경기〉에는 경기 시작 무렵 우리 모두 앉아서 웃고 있는 모습이 먼저 나온 다음, 나 혼자 좌석에 앉아 턱을 괴고 침울하게 경기장을 바라보는 잔인한 장면이 나왔다. 프리미어십에 온 걸 제대로 환영받는 느낌이었다.

경기 결과가 좋지 않았지만 우리는 계약서에 서명했다. 축구 구단 인수 역시 포뮬러 원처럼 비현실적이었고, 간식 상자에 스티커로 붙였던 꿈을 또 하나 실현한 셈이었다. 아미트 바티아와 루벤 그야나링감은 QPR 지분을 유지했고 딘과 나는 버니와 플라비오 지분을 인수했다. QPR 티셔츠를 손에 쥐고 이사회실에 들어가면서 스포츠 인생을 시작했다.

2011년 8월 18일부터 2016년 11월 이안 홀로웨이를 감독으로 임명할 때까지 한 숨도 돌릴 틈이 없었다. 이제야 겨우 경영에 틀이 잡혔다고 생각한다. 처음에는 구단 운영에 관한 지식이 전혀 없었다가, 지금은 2011년 이후 가장 안정적인 상황에 들어선 듯하다(플라비오와 버니를 생각하면 2011년 이전도 해당한다). 정말 오랜 시간과 큰 노력, 고통, 돈이 들어갔지만 구단을 인수하고 나서 원하던 단계에 이제 진입했다. 우리는 내부에서 성장하는 문화를 장려하며, 선수들은 팀을 위해 열정적으로 경기하고 언제나 팀과 팬을 존중한다. 그리고 적재적소에 인재를 배치했다. 우리 목표가 무엇인지, 목표를 어떻게 이룰지 공감대도 형성했다. 축구가 항상 그렇듯 완벽할 수는 없고 과정도 매끄럽지 않겠지만, 우리는 성공에 필요한 요소를 갖췄다.

2011년 8월로 돌아가면, 그때는 모든 게 어지러웠다. 경기할 때마다 극심한 긴장과 불안에 시달렸고 가끔 정말 즐겁게 끝날 때도 있었지만 절망스러울 때가 더 많았다. 축구는 대단히 격정적인 스포츠라, 경기 때마다 무척 열광적인 팬들이 시시각각 극단적인 감정을 오간다. 매번 이런 감정을 느끼면서도 구단주로서 자금 조달, 팀의 안정성과 미래를 책임져야 하는 스트레스를 받는다. 감당하기 버거운 짐이었다.

지난 시즌에 닐 워녹이 훌륭하게 팀을 이끌어서 챔피언십에서 승격시켰으니, 영국 축구 최고 리그전을 시작하면서 계속 그렇게 가속도가 붙길 바랐다. 세상에서 가장 힘든 리그에서 첫 시즌을 눈앞에 둔 새 회장으로서 그렇게 첫 시련을 맞이했다.

두 번째 경기에서 우리는 에버턴과 맞붙어 1:0으로 승리했다. 지난주 패배를 겪고 난 뒤라 기분이 훨씬 나아졌다. 라디오로 경기 중계를 듣자니 예전에 단파 라디오로 패디 피니 방송을 듣던 기억이 떠올랐다. 하지만 이번에는 배경에서 팬들이 내 이름을 노래하는 소리가 들렸다. 자랑스러운 순간이었다.

그리고 다시 위건에 졌다. 아직 8월이었고 35경기를 더 치러야 했다. 우리는 선수단 개선에 집중해서 중요한 계약을 몇 건 맺었다. 뉴캐슬에서 이적료 없이 조이 바튼을 영입했고 맨체스터 시티에서 션 라이트 필립스를 4백만 파운드에, 애스턴 빌라에서 루크 영을, 서덜랜드에서 안톤 퍼디낸드를, 아스털에서 아르망 트라오레를 데려왔다. 훌륭한 선수를 성공적으로 영입했지만 가을 동안 성적은 들쭉날쭉했다. 나아지고 있는지 의문이었다. 뉴캐슬 홈구장에서 비겼고 울버햄튼을 이겼으며 크레이븐 코티지에서 풀럼에게 6:0으로 참패했다.

2012년 초, 그때까지 20경기를 치르면서 겨우 17점을 획득했다. 팀이 아주 큰 문제에 처했다는 게 확실해졌다. 1월 2일 홈경기에서 노리치에게 패배하고 나서 1월 7일 FA컵 세 번째 경기에서 밀튼 케인즈 돈스에게 비겼다. 모두가 별로 좋은 성적이 아니라는 걸 알고 있었다.

팬들과 이사회가 나를 압박했고 회장으로서 처음으로 가장 큰 결정을 내려야 했다. 닐 워녹을 내보내야 할까? 이 문제를 두고 고심했다. 닐은 특별한 사람으로 선수에게서 최고 기량을 끌어낼 줄 알았고 챔피언십을 속속들이 파악했다. 나는 닐을 좋아하고 존경했다. 하지만 이사회에서는 닐이 선수들에게서 리더십을 잃었다고 느끼는 눈치였고 나도 팀에 새로운 인물을 영입하는 게 좋겠다는 생각이 들었다. 당시 우리 CEO는 내가 고용한 필립 비어드라는 사람이었다. 에어아시아가 맨체스터 유나이티드를 후원하면서 맨유의 영업 및 마케팅 총괄 앤디 앤슨을 알게 되었고 처음 QPR을 인수할 때 앤디 앤슨에게 CEO로 일하겠냐고 물어봤다. 앤디는 시기가 맞지 않아 거절하고 대신 영국 남부에서 O2 아레나를 운영하던 필립을 추천했다. 필립은 축구 구단을 운영해본 경험은 없지만 마케팅과 법무 분야 그리고 개인적인 경력도 흠잡을 데 없었다. 에어아시아에서 외부 인사를 영입했을 때 성과가 좋았던 걸 생각해서 앤디의 추천을 받아들였다.

필립에게 닐을 해고하라고 말했다. 아직 해고 여부를 결정하지 않은 와중에 에이전트들이 전화해서 감독 후보를 여럿 추천했다. 닐을 해고하고 12시간이 채 지나지 않았는데, 축구계에서 유명한 인물이자 무엇보다 카를로스 테비즈와 하비에르 마스체라노 선수의 '소유권'을 둘러싸고 논란의 중심에 섰던 키아 주라브치안이 전화해서 과거 맨체스터 유나이티드와 첼시의 공격수였던 마크 휴즈 얘기를 꺼냈다. 마크는 블랙번에서, 그리고 큰 압박감을 겪으며 맨체스터 시티에서도 성공적으로 감독으로 전향했다. 셰이크 만수르가 맨체스터 시티에서 그를 내보낸 후, 마크는 QPR과 무척 가까운 이웃 풀럼으로 이적했지만 팀에 야망이 부족하다고 생각하고 겨우 10개월 만에 사직했다.

런던에 있는 내 집에서 마크를 만났다. 풀럼과 블랙번에서 탄탄한 경력을 쌓은 마크의 경력은 서류상 화려했다. 맨체스터 시티 경험을 자세하게 질문하니, 시간이 있었더라면 더 좋은 성과를 올렸겠지만 새 구단주가 우승컵을 두고 너무 서둘렀다고 단호하게 대답했다. QPR에서는 어떻게 하겠냐고 묻자 경기 전 준비사항과 상대편 분석에 대해 많은 이야기를 했다. 아주 계획적이고 꼼꼼하고 분석적인 사람이라는 인상을 받았다. 게다가 바르셀로나와 맨체스터 유나이티드, 첼시에서 주전 선수로 뛰었으므로 선수와 감독 입장에서 경기를 안팎으로 꿰고 있었다.

우리는 닐의 퇴진을 발표했고, 닐은 프로답게 품위 있고 감동적인 성명을 냈다.

> 물론 크게 실망한 마음을 감출 수 없지만, 그동안 많은 성과를 이룬 데 큰 자부심을 느끼며 팀을 떠납니다. 그 어디보다 QPR에서 즐겁게 지냈고 QPR 팬 여러분 역시 승리할 자격이 충분한 멋진 사람들이었습니다. 인수가 좀 더 일찍 이뤄졌더라면 구체적인 계획을 지난여름 동안 도입하고, 프리미어리그에서 우승할 확률을 높였으리라는 생각이 들어 대단히 아쉽습니다. 큰 포부를 지닌 QPR 이사진이 앞으로 하는 일 모두 성공하기를 바랍니다. 오랜 기간 축구에 몸담았으니 이제 당분간 거취를 결정하기 전까지 가족, 친구들과 시간을 보낼 생각입니다.

2012년 1월 10일, 우리는 마크 휴즈를 영입한다고 자랑스럽게 발표했다. 빠르게 의사결정을 마무리해서 기뻤고 좋은 선택이었다고 생각했다. 정신을 차려보니 화난 팬들이 트위터로 내게 맨체스터 시티에서 경질된 감독을 고용하고, 날이면 날마다 '쓸데없는 소리'나 나불거리며, 쉽게 돈 벌려고 우수한 선수를 팔아치운다며 욕을 퍼부었다. 철자를 제대로 쓰지 않는다는 비난까지 받았다. 항공사를 운영할 때는 전혀 겪지 못한 일이었다. 나는 최대한 잘 대응하려고 노력하며 묵묵히 비난을 받아들였다.

마크가 들어오면서 1월 이적시장에서 제법 많은 돈을 지출했다. 맨체스터 시티에서 네덤 오누오하(420만 파운드)를, 라치오에서 지브릴 시세(440만 파운드)를, 풀럼에서 바비 자모라(500만 파운드)를 영입했다. QPR로서는 엄청난 투자였다.

하지만 부진은 계속됐다. 부활절 기간이 다가오는데 우리는 정말 망해가는 팀 같았다. 2012년 3월, 일본에 있을 때 QPR은 로프터스 로드에서 리버풀과 경기했다. 나는 몸에 생체시계가 있어서 경기 때마다 깨어난다. 경기가 시작할 때 새벽 2시 정도였다. 그 무렵 우리는 위건과 동점이었지만 우리처럼 경기 중이던 볼턴에 1점 뒤졌다. 울버햄튼이 꼴찌였는데 우리와 겨우 3점 차이였다. 아슬아슬하고 좋지 않은 상황이었다. 1점을 내주고 20분 남았을 때 리버풀의 디르크 카윗이 두 번째로 득점했다. 루벤이 문자를 보냈다. "우린 끝났어요, 망했어요. 그냥 추스르고 다음 시즌을 기약하죠."

답장을 보냈다. "아니, 포기하지 말자고. 역전할 수 있어."

그러다 숀 데리가 우리 팀에 1점을 안겼고 뒤이어 4분 남은 시점에 지브릴 시세가 동점 골을 넣었으며, 추가시간에 제이미 맥키가 역전 골을 넣었다. 뜻밖에 재기에 성공했다. 믿기지 않았다. QPR 경기 중에 최고 멋진 경기였다.

나는 정말 역전할 수 있겠다고 생각했지만, 선덜랜드에게 참패하면서 다시 우울한 전망이 드리웠다. 그런데 아델 타랍이 활약을 펼쳤다. 지난 챔피언십 시즌에 놀라운 기량을 보였지만 프리미어십에서는 불안정했는데, 갑자기 경기를 주도하기 시작했다. 우리는 조금씩 기를 펴고 아스날, 스완지, 토트넘 등 이길성싶지 않은 경기에서 승리를 거뒀다. 처참하게 패배하기도 했다. 숙적 첼시에게 6:1로 졌을 때는 특히 고통스러웠다. 그러니 숨 막히는 상황의 연속이었다.

시즌 마지막 홈경기가 다가왔다. 칼날 위에 선 듯한 상황이었다. 울버햄튼은 이미 나동그라졌지만 블랙번, 볼턴, 그리고 QPR 셋이서 강등 대상 두 자리를 피하려고 피 터지게 싸웠다. 블랙번은 QPR과 볼턴에게 3점 뒤졌다. QPR과 볼턴은 각각 34점이었고, 볼턴보다 골득실이 앞선 것은 위안이었지만 매우 힘든 경기를 둘이나 앞두고 있었다. 첫 번째 스토크와의 이번 홈경기였고 그 다음은 리그 우승을 거머쥐려고 필사적인 맨체스터 시티와의 원정경기였다. 그 와중에 볼턴은 웨스트브로미치와 홈경기(승산이 있었다)를, 그다음에는 스토크와 원정경기를 치를 예정이었다. 그 경기 역시 3점 차를 그대로 유지하면서 끝낼 수 있는 경기였다. 블랙번은 월요일 밤 위건과 경기한 다음 시즌 마지막으로 첼시와 원정 경기를 할 예정이었다. 블랙번은 별로 걱정되지 않았다. 볼턴과의 경쟁이 근심이었다.

그 일요일은 살면서 정말 스트레스가 심했던 날로 기억한다. 우리 경기 진행에만 집중하려고 했지만 웨스트브로미치와 볼턴 경기 소식에 신경이 곤두섰다. 로프터스 로드에 모인 QPR 팬들이 눈앞에 경기가 펼쳐지는데도 자꾸 휴대폰을 확인하며 긴장을 뿜어내는 게 느껴졌다. 경기 시작 24분 무렵 여기저기서 큰 한숨 소리가 들렸다. 볼턴이 페널티골로 1점 앞섰다. 우리는 전반전을 0:0으로 끝냈고 볼턴은 이기고 있었으니, 이대로 끝나면 볼턴이 우리보다 2점 앞설 것이다. 더 안 좋은 소식이 이어졌다. 웨스트브로미치의 자책골로 볼턴이 2점째 득점했다. 그 소식을 듣고 나는 구단주가 아닌 팬처럼 반응했다. 눈물을 참고 가능한 우리 팀을 응원하며 경기에 집중하려고 애썼다. 어쨌든 한 골만 넣으면 볼턴과 같은 위치일 테니까.

그러다 상황이 바뀌었다. 웨스트브로미치의 빌리 존스가 자책골을 넣은 다음, 크리스 브런트가 한 골 만회했다. 볼턴이 2:1로 이기는 상황이었다. 후반 5분을 남기고 우리는 여전히 0:0이었고 나의 긍정 에너지도 차츰 사그라졌다. 그러다 경기 89분경 안톤 퍼디낸드가 헤딩으로 패스한 공을 지브릴 시세가 받아서 골문에 찔러 넣었다. 우리 모두 난리가 났다. 최소한 볼턴이 이기더라도 안심이었다. 그러다 웨스트브로미치가 동점 골을 터뜨렸다는 소식에 환호성은 더욱 높아졌다.

그날 밤 쉐퍼드 부시 거리는 볼만했다. 이사진과 코치단이 시내로 몰려 나가서 쉐퍼드 부시 그린에 있는 디펙터스 웰드라는 술집에 모였다. 내가 억스브리지 로드에서 임대했던 아파트에서 10분 거리였다. 다음 날 아침 일어났을 때 현실이 세차게 머리를 때렸다. 우리가 볼턴에게 2점 앞서긴 했지만 강등에서 안정권이라고 하기는 힘들었다. 사실 에티하드 스타디움에서 멘체스터 시티와 경기해야 했고 볼턴이 스토크에게

패하기를 빌어야 하는 상황이니 아주 불안했다. 축구라서 가능한 운명의 장난으로, 맨체스터 시티는 우승컵을 거머쥐려면 우리를 꺾어야 한다. 모든 게 그 두 시합에 달려 있었다.

정말 살맛나는 나날이 계속됐다. 흥분과 스트레스, 강렬한 감각이 살아 있음을 분명히 느끼게 했다. 얼마나 엄청난 하루를 보냈는지, 하루가 끝날 무렵 어떤 기분이었는지 절대 잊지 못할 것이다. 그리고 축구는 어중간한 감정이 없는 스포츠다. 황홀경에 빠지거나 자살충동을 느끼거나 둘 중 하나다.

일주일 뒤인 2012년 5월 13일, 딘과 나는 쿠알라룸푸르에서 밤 비행기를 타고 맨체스터로 향했다. 나는 간밤에 한숨도 못 잤다. 우리는 호텔에서 사전 회의를 하던 선수들을 만났다. 그럴 가능성은 거의 없지만 우리가 이기면 프리미어리그에 머무를 수 있을 것이다. 볼턴이 진다면 다른 건 어찌 되든 우리는 안전하다. 결전의 날, 아무리 강심장이래도 떨 수밖에 없는 경기가 펼쳐졌다. 전반 12분에 스토크가 볼턴을 상대로 한 골을 넣자 우리 모두 신이 났다. 그러다 39분 차에 이중으로 고통을 겪었다. 맨체스터가 1점 득점했고 볼턴은 동점 골을 넣었다. 전반전이 끝나려는 찰나 볼턴이 두 번째 골을 넣었다. 이대로 가면 강등된다는 생각을 안고 탈의실에 들어갔다. 아미트, 루벤, 딘, 나까지 모두 우울했다. 맨체스터 시티 이사들이 위로해주었다. “괜찮아요, 다음 시즌에 승격하면 되죠.”

후반 3분에 믿기 힘든 일이 벌어졌다. 지브릴 시세가 동점 골을 터뜨리면서 진짜 드라마가 시작됐다. 경기 55분에 조이 바튼이 카를로스 테베즈에 파울로 퇴장당했지만, 경기가 약 25분 남은 시점에 제이미 맥키가 불쑥 튀어 올라서 헤딩골을 넣고 경기 주도권을 가져왔다. 사람들을 둘러보자 모두 야단법석이었다. 스토크의 조너선 월터스가 동점골을 넣었을 때 우리는 더욱 광분했다. 이대로라면 QPR이 프리미어십을 유지하고 맨체스터 유나이티드가 우승 타이틀을 가져갈 것이다. 에티하드 스타디움은 가마솥처럼 펄펄 끓어올랐다. 맨체스터 시티 팬은 시즌 마지막 날에 QPR 때문에 우승 타이틀이 날아가리라고는 생각지도 못했고 우리는 생존 가능성에 흥분했다.

프리미엄 석에 앉은 나머지 사람들은 꼼짝없이 조용했다. 어찌 되든 좋았다. 5분 남았을 때도 2:1로 이기고 있었다. 2분을 남겨두고 맨체스터 시티의 에딘 제코가 골을 넣었고 세르히오 아게로가 경기를 끝냈다.

스토크가 프리미어십을 유지하고 볼턴이 강등되었으니 우리는 아무래도 좋았다. 맨체스터 시티 팬들은 미쳐 날뛰었고 우리도 제정신이 아니었다. 경기장에 있는 모두가 열광의 도가니에 빠지는 보기 드문 광경이 펼쳐졌다. 맨체스터 시티는 45년 만에 처음으로 우승 타이틀을 거머쥐면서 드디어 맨체스터 유나이티드 팬들의 눈을 다시 똑바로 바라볼 수 있게 되었다. 우리는 대단히 어려운 시험을 통과했고 나는 지금껏 본 경기 중에 가장 말도 안 되는 경기에 참여한 셈이었다. 정신을 못 차린 채 다 함께 런던으로 돌아가는 비행기에 올랐다. 다들 무척 흥겨워했지만 조이 바튼은 퇴장 때문에 약간 소외감을 느끼는 듯했다.

팀 내부에서는 극적으로 강등을 탈출한 일을 계기로 탄력을 받아서 더 발전하자는 분위기였다.

첫 시즌을 돌아보면서 내가 감정에 휘둘리고 사람을 너무 믿은 게 실수였다는 사실을 깨달았다. 새로운 사업에 진출할 때, 특히 프리미어리그처럼 엄청난 세간의 관심을 받는 사업을 시작할 때 경영자는 각 담당자들이 자기 일을 제대로 파악하고 있으리라 생각하기 쉽지만 항상 그렇지는 않다. 어떤 일을 오래 했다고 꼭 그 일을 꿰고 있는 것도 아니다. 워너에 있을 때 음반회사 RAP와 훌륭한 소속 음악가를 인수했을 때와 비슷하다. 재능이 꼭 성과로 이어지지는 않으며 재능도 관리 대상이다. 이런 특징은 음악보다 축구에서 더 두드러지는데, 축구는 모든 게 선수의 성격에 달렸기 때문이다. 바람직한 성격을 지녔다면 최대한 능력을 발휘해서 성과를 내겠지만 성격이 받쳐주지 않으면 성과를 내지 못한다. 나는 RAP 일을 겪었으면서도 직감을 거스르고 충분히 의문을 제기하지도 않고 그냥 일이 흘러가게 내버려뒀다. 거리도 문제였다. 에어아시아를 운영하면서 아직 쿠알라룸푸르에 기반을 뒀고 포뮬러 원팀과 함께 여기저기 날아다니느라 QPR과 충분히 시간을 보내지 못했다. 그 자리에 매일 있지 않으니 일이 어떻게 돼 가는지 직접 지켜볼 도리가 없었다.

리더가 물리적으로 참석하고 모습을 나타내는 행위가 얼마나 중요한지 절실하게 느꼈다. 직원들을 집중하게 하고 열린 문화를 강화할 뿐만 아니라, 매일 어떤 상호작용이 이루어지는지 보고 어떤 말이 오가는지 들으면서 조직 분위기를 파악할 수 있다.

나는 훈련장에서 무슨 일이 벌어지는지, 이런저런 선수들이 훈련장이나 팀, 경기장에서 정말 제대로 노력하는지 확인하지 못했다. 이런 부분을 잘 파악했더라면, 누군가 실제로 경기장에서 노력하는 것보다 훨씬 높은 연봉을 받아간다는 사실을 빨리 알아차렸을 것이다. 정말 순진하기 짝이 없었다. 그렇게 많은 돈을 받는다면 등골이 휘게 일해야 한다는 게 내 생각이었지만 몇몇 선수들은 전혀 그러지 않았다.

2012년 여름 동안 선수를 잘 뽑아왔다고 생각했다. 첼시에서 영입한 조세 보싱와를 비롯해서 많은 선수를 이적료 없이 데려왔지만, 선수 생활 막바지에 이르렀기에 그만큼 어마어마한 연봉을 요구했다. 특히 박지성 선수는 아시아 출신이었고 아시아에서는 신적인 존재여서 내게는 무척 의미 있는 계약이었다. 하지만 그는 과거 능력의 절반밖에 발휘하지 못했다. 게다가 분석 자료를 보니, 경기 전체를 뛴 적이 별로 없고 주로 교체선수로 활용됐다. 지브릴 시세와는 완전 영입 계약을 맺었지만 지브릴의 두 번째 시즌 성적은 좋지 않았다. 우리는 항상 중앙 수비수 2명을 애타게 찾았는데 선수들은 우리를 호구로 생각하고 말도 안 되는 숫자를 불렀다. 나는 이런 짓을 멈추기로 했다.

마크는 마르세유와 임대계약을 맺고 조이 바튼을 보냈다. 나는 거세게 반대했지만 지고 말았다. 조이는 내 축구 인생에서 아주 중요한 사람이었다. 나처럼 직설적이었고 사람들을 열 받게 할 때가 많았지만(그것도 나와 닮았다) 자기 생각을 솔직하게 말했다. 축구에서는 그런 점이 꽤 중요하다.

QPR에서 조이는 우리가 방향을 잘못 잡았고 선수도 잘못 고르고 있다고 여러 번 내게 말했다. 나이든 선수와 계약하는 게 팀에 좋지 않다는 의견이었지만 감독진을 확신시킬 만큼 인정받지 못했다. 닐 워녹을 해고할 때 조이도 어느 정도 영향을 줬으나 조이와 마크는 의견이 일치하는 법이 없었다. 마크가 조이를 임대선수로 보내고 난 뒤, 나는 경기장 안팎에서 리더십과 투지를 발휘하며 중추 같은 역할을 했던 조이가 정말 그리웠다. 좀 다혈질이어서 그렇지 영리한 사람이었다. 조이는 다른 선수가 100% 노력하지 않거나 자기 생각에 올바르게 행동하지 않으면 꼭 지적해서 팀 내 분쟁을 일으켰다. 아이가 태어난 뒤에는 좀 얌전해졌으니, 조이와 계속 함께 있었으면 상황이 나아졌으리라 생각한다. 나는 마크에게 조이를 데리고 있으라고 강하게 말했지만 그는 팀을 위해 조이가 없는 편이 낫다면서 꿈쩍도 하지 않았다. 심지어 2016년~2017년 시즌이 시작할 때 다시 조이를 데려오려고 시도했으나 비용을 감당할 수 없었고 결국 조이는 번리에 갔다.

이런 일은 축구계의 좋지 않은 단면이다. 누군가 마음에 들지 않으면 쫓아 버린다. 항상 다른 방안을 찾고 문제를 해결해보려고 했지만, 축구는 가차없는 데가 있어서 오히려 역효과를 낳을 가능성이 있었다.

조이는 2012년~2013년 시즌이 시작되고 2개월 동안 QPR이 한 경기도 승리하지 못하리라고 예상했다. 틀렸다. 4개월이었다. 지나고 나서 생각하니 이때가 최악의 시즌이었고 QPR은 아주 먼 거리를 퇴보했다. 팀의 중추를 잃어버리고 너무 많은 선수를 사들였다.

시즌 첫 경기에서 스완지에 5:0으로 참패하긴 했지만, 시즌 초반에는 잘 싸웠다. 흥분을 주체하지 못하고 인터 밀란에서 줄리우 세자르를 데려왔다. 로버트 그린을 고수하지 않고 그 계약을 한 건 대참사였다. 그 후 몇 달 동안 아주 나쁜 경기를 펼치진 않았지만 9경기에서 3점밖에 얻지 못했다. 시작을 그렇게 해놓고 회복하기는 불가능하다. 지난 시즌에 좋은 성과를 올렸던 선수들, 예를 들어 거액에 완전 영입 계약을 했던 아델 타랍 등은 웬일인지 신통치 않았다. 그리고 팀 전체가 올바른 정신상태가 아니라는 생각이 들었다. 탈의실에서 분열하고 파벌을 나눴고, 동기부여도 부족했다. 많은 돈을 지급해도 상대가 항상 100% 노력해서 갚아주지 않는다는 사실을 그때 처음으로 깨달은 것 같다.

우리는 마크 휴즈를 해고했다. 팀 성적을 고려하면 아무도 놀라지 않았다. 11월에 마크가 떠날 무렵 QPR은 12경기에서 4점을 획득했고 한 경기도 우승하지 못했다. 팬이나 감독진, 선수진이 고무될 만한 성적은 아니었다. 상황이 안 좋아 보였지만 해리 레드냅을 감독으로 영입하면서 우리 모두 그야말로 구세주라고 생각했다. 그러나 리그 강등을 잘 막기로 유명한 해리의 재능으로도 엉망으로 시작한 시즌을 되돌릴 수는 없었다. 시즌이 끝나기 3주 전에 QPR은 레딩에게 0:0으로 비기면서 레딩과 함께 강등되었다. 우리는 눈물을 머금고 물러났다. 훗날 생각하면 프리미어십을 떠난 게 결과적으로 우리에게 좋은 일이었지만 2013년 4월 28일에는 세상이 끝나는 듯했다.

축구는 잠잠해지는 법이 없다. 회장이 된 후 챔피언십으로 돌아와 처음 맞는 시즌은 떠들썩했던 프리미어리그 첫 시즌 못지않게, 어쩌면 그보다 더 흥미진진했다.

조이 바튼이 마르세유에서 돌아와서 미드필드에 전력을, 그리고 팀에 정신력을 보탰다. 불타오르기 시작한 QPR은 10월 말까지 한 경기도 지지 않았다. 그러다 크리스마스 기간에 어려움을 겪으면서 성적도 들쭉날쭉해졌다. 마지막 17경기 가운데 7경기를 패배하면서 상위 두 팀에서 낙오했다. 레스터 시티와 번리가 최상위로 질주하고 있었지만 우리는 참고 버티면서 플레이오프 자리를 두고 위건보다 7점 앞섰다. 수비가 탄탄했지만 그렇다고 점수를 내지도 못해서 모든 경기가 접전이었다.

QPR은 플레이오프 두 경기를 위건과 하게 되었다. 우리가 위건을 이기면 더비카운티와 브라이트튼 중에 이긴 팀과 웸블리 스타디움에서 맞붙는다. 내게 위건은 항상 두려운 상대였다. 위건과 웨스트햄, QPR의 역사를 보면 으스스한 데가 있다. 1차전은 DW 스타디움이었는데 긴장되면 항상 그러듯 아주 일찍 도착했다. 한두 시간 혼자 서성대다가 스카이스포츠 해설위원 제이미 레드냅을 만났다. 제이미는 나를 진정시키려고 했다. 선수들을 찾아 격려하려 했지만 모두 신경이 곤두서 있었다.

쉽지 않은 경기였으나 무승부를 끌어냈고, 로프터스 로드에서 치를 재경기에서 유리한 고지를 만들었다.

다음 날 아름답고 화창한 아침이 밝았고 저녁 날씨도 축구 경기를 하기에 완벽했지만, 전반 9분에 제임스 퍼치의 골로 1점을 내주었다. 최악의 시작이었다. 위건 하면 떠오르는 불길한 느낌이 다시 찾아왔지만 중간 휴식 때 조이 바튼이 선수들을 불러 모은 뒤에 뭔가가 바뀌었다. 몇 주 전에 조이는 럭비 선수 조니 윌킨슨과 함께 일했던 동기부여 강사 스티브 블랙을 데려오자고 우리 CEO 필 비어드를 설득했다. 단순한 목표에 집중하라는 스티브의 얘기는 효과가 있었다. 홍보팀은 이를 반영해서 "우리는 하나다"라는 단순한 메시지를 만들었다. 중간 휴식 때 작전 회의에서 그 사상을 완벽하게 드러냈고 팀에 활기를 불어넣은 듯했다.

데이비드 호일렛이 페널티 구역에서 반칙을 당한 다음 찰리 오스틴이 페널티 골로 득점했다. 경기 15분쯤 남은 시각이었다. 그동안 로버트 그린이 골대에서 기막히게 선방했고 상대 선수가 찬 공이 골대에 맞고 튕겼다. 운 좋게 피해간 셈이지만 여전히 승리는 우리 차지라는 느낌을 지울 수 없었다. 로프터스 로드는 믿을 수 없을 정도로 달아올랐다. 투광등 아래 관중은 한순간도 긴장의 끈을 놓지 않았다. 또 한 번 잊지 못할 밤이 찾아왔다. 이런 순간이야말로 축구가 그토록 특별한 이유다. 연장전을 시작하기 전에 장맛비가 내리기 시작하더니 말레이시아에 폭우가 내리듯 억수로 쏟아졌다. 조이가 다시 선수들을 불러 모았다.

나는 페널티킥을 유도하려는 줄 알았지만 연장전 전반에 우리 팀 찰리 오스틴이 바비 자모라의 공을 받아 골로 연결하면서 모두 열광의 도가니에 빠졌다. 로프터스 로드는 그야말로 아수라장이었다. 위건이 격렬하게 반격을 펼쳤다. 롭 키에르난이 공을 가로채서 동점 골을 넣을 뻔했다. 온 관중이 숨을 들이마시는 소리가 들렸다.

경기 종료 호루라기가 울리자 관중이 경기장에 난입했다. 비가 여전히 세차게 내리는 가운데 나는 미친 사람처럼 펄쩍펄쩍 뛰었고 사람들은 내 이름을 외치며 노래를 불렀다. 투자자도 모두 그 자리에 있었다. 경기장에서 흠뻑 젖은 채로 팬들과 사진을 찍으며 승리를 축하할 때가 아마 자정쯤이었지만 우리는 탈의실에 가서도 샴페인을 따고 밤새 파티를 했다. 경기가 끝나기도 전에 위건 구단주 데이브 웰런이 전용 헬리콥터를 타고 떠나는 걸 보고 좀 이상하다 싶었지만, 경험이 많은 사람이니까 이런 일도 예전에 다 겪었으려니 생각했다. 승리의 기쁨은 채 24시간도 가지 않았다. 이제 프리미어십으로 가는 마지막 장애물을 넘어야 한다.

드디어 2014년 5월 24일 해가 밝았다. 더비와 플레이오프 결승전을 치르는 날이었다. QPR 깃발 4만 개가 몰려들었고 QPR 직원 및 QPR의 사회공헌재단 커뮤니티 트러스트에서 자원봉사자도 100명 정도 왔다. 팬들은 QPR 관중석에 일일이 깃발을 꽂았다. 팀이 등장하자 꿈같은 장면이 펼쳐졌다. 경기장 한쪽에 푸르고 흰 깃발의 바다가 출렁였다. 자기 팀을 웸블리에 데려가는 기분을 느껴본 사람은 별로 없고, 그 어떤 것과도 바꾸지 않을 경험이었다.

우리는 더비에게 완전히 압도당했다. 전반전이 끝날 때까지 아직 0:0인 게 놀라울 지경이었다. 후반전에는 상황이 더 악화되어, 게리 오닐이 조니 러셀을 넘어뜨리고 퇴장당해서 선수가 10명으로 줄었다. 더 나빠질 수도 없는 상황이었다. 그 기나긴 시즌의 막바지까지 와서, 30분이 넘게 남았는데 여전히 두들겨 맞기만 했다. 처음부터 끝까지 한 선수를 묶어놓고 권투시합을 치르는 모양새였다. 아직도 견디는 게 대단했지만, 이렇게 오랫동안 버텨왔으니 떠날 때는 뭔가 가지고 갈 것 같다는 느낌이 들었다.

나는 루벤을 돌아봤다. "이 경기 우리가 이길 거야. 선수가 퇴장당할 때마다 이기거나 무슨 성과가 있었잖아."

내 옆에 앉아 있던 필 비어드는 실의에 빠졌다. "그만 잊어버리고 마무리합시다. 다음 시즌에 재정비해서 밀어붙이면 돼요."

경기 89분, 우리는 아직 한 골도 넣지 못했다. 그런데 시즌 내내 별다른 활약이 없었던 데이비드 호일렛이 측면으로 질주하더니 경기장을 가로질렀고 더비의 주장 리터드 케오그가 공을 걷어내려다 삐끗했다. 바비 자모라가 그대로 공을 받아 골을 터뜨렸다. 아아, 그 황홀감이란! 그 느낌을 묘사할 단어는 존재하지 않는다. 더비에게는 반격할 시간이 없었다.

경기 종료 호루라기가 울렸을 때 믿을 수가 없었다. 53년을 살면서 그렇게 기쁜 적은 처음이었다. 로이와 로버스[4] 같은 경기였지만, 사실 만화도 이 정도 결말이 나오기는 힘들 것 같다.

---

4) Roy of the Rovers: 영국의 축구 만화로 약팀 로버스가 힘겨운 경쟁을 거쳐 우승한다.

우리는 트로피를 받았다. 아, 뭘 더 바라겠는가? 경기장으로 내려가는데 QPR 팬 4만여 명이 내 이름과 온갖 QPR 구호를 넣어 노래를 불렀다. 그러다 조이 바튼이 나를 들어 올렸다. 다음날 데일리 스타 2면에 그 사진이 실렸다.

나는 그 순간을 수없이 되새긴다. 모든 직원과 선수가 로프터스 로드에서 파티했다. 누구나 가족이나 친구를 서너 명 데려올 수 있게 한, 아주 큰 파티였고 물론 새벽까지 이어졌다. 나는 그날 밤 잠도 안 자고 경기 하이라이트 장면을 끝없이 돌려봤다. 다음날에도 로프터스 로드에서 또 다른 파티를 열었고 팬 8천여 명이 팀과 함께 축하하려고 몰려들었다. QPR은 가족이나 다름없는 구단이었고 팬들도 지역 토박이라 친근한 분위기였다. 나는 브랜드를 홍보할 기회를 놓치지 않고 감사의 뜻으로 해리에게 케이터햄 세븐과 주문 제작한 번호판을 선물로 주었다.

프리미어십으로 돌아왔지만, 과연 잘할 수 있을지 다시 불안해졌다. 예산과 선수에 대해 수없이 논의했지만 2012년~2013년에 저지른 실수를 반복한다는 느낌이었다. 웨스트햄에 있을 때는 아카데미 출신 선수를 잘 활용했던 해리 레드냅이 이젠 그러지 않는 데는 좀 놀랐다. 해리는 정반대 행보를 보였고, 자기가 잘 알고 또 믿는 선수를 기용하고 싶어 했다. 그래서 나와 논쟁 끝에 리오 퍼디낸드를 영입했다. 조이는 리오를 인간으로 또 선수로 존경하긴 하지만 팀과는 맞지 않는다는 의견을 확실히 밝혔다.

하지만 맷 필립스와 르로이 페르와 계약한 것은 좋은 선택이었다. 우리 단장인 레스 퍼디낸드는 반대했지만 산드로 라니에리까지 영입했다. 산드로는 토트넘에서 동물처럼 활약했지만 QPR에서는 대실망이었다. 그저 우리 팀과 잘 맞지 않았다. 로버트 그린처럼 중추 역할을 하는 좋은 선수도 있었지만 수비가 약해서 많은 골을 허용했다. QPR은 그저 그런 팀 중에서 최고 팀이었다.

프리미어리그에서 이리저리 옮겨 다니는 선수보다 하위 리그 선수를 겨냥해야 한다는 점이 분명해졌다. 그런 선수들은 몸값 대비 실력이 뛰어났고 헝그리 정신을 지녔다. 2016~2017년 시즌이 끝날 무렵 우리 선수단에 프리미어십 출신 선수는 없고 모두 하위 리그나 아카데미 출신이었다. 나는 그편이 훨씬 낫다고 생각했다. 내가 구단주로 있는 동안 계속 함께한 선수는 네덤 오누오하, 제이미 맥키 등 몇 명뿐이었다. 나머지는 왔다가 떠났다.

2014년~2015년은 경기장에서 그대로 잊어버리고 싶은 시즌이었지만 그 무렵 경기장 밖에서 커다란 변화가 일어났다. QPR은 38경기 중에 겨우 8경기를 이기고, 번리에 3점 뒤지고 헐 시티에 5점 뒤지면서 최하위권으로 마감했다. 문제가 많았다. 미드필드에서 조이를 받쳐줄 사람이 필요했지만 역부족이었고 우리가 영입한 선수들은 그럴 역량 자체가 안 됐다. 그래도 희망은 있었다. QPR에 있을 때 약 160번 출전하여 80골을 득점한 QPR의 전설 레스 퍼디낸드가 여름에 내게 전화했다. 레스는 이렇게만 말했다. "QPR을 위해 정말 뭔가 하고 싶습니다."

그래서 자카르타에서 레스를 만났고 우리는 연분을 만난 듯 급격히 가까워졌다. 다듬어지지 않은 사람이었지만 그 마음이 진심이고 팀에 상주하면서 조금이라도 원칙을 세워줄, 우리에게 필요한 사람이라는 생각이 들었다. 그래서 일단 레스를 아카데미 꿈나무들의 재능을 키워줄 축구 운영팀 팀장으로 고용했다. 레스는 10월에 도착해서 크리스 램지를 아카데미 매니저로 임명했다. 두 사람은 과거 토트넘에서 함께 일해서 잘 아는 사이였다. 필 비어드와 해리는 본인 역할이 줄어든다고 생각해서 좀 불쾌했던 모양이다. 하지만 이 인사는 새로운 계획의 시작이었다.

2015년 2월, 이적 시장 문이 닫히고 얼마 지나지 않아 해리가 사임했다. 무릎 수술을 앞두고 있었지만 내 생각에는 또다시 강등을 피해 전쟁을 치르기 싫었던 것 같다. 레스가 들어왔으니 앞으로 젊은 인물에 주력하리라고 생각했을지도 모르겠다. 나는 해리를 좋아하고 앞으로 볼 날도 많으니 나쁘게 생각하지 않는다. 사실 장기적으로 보면 해리가 우리에게 호의를 베푼 셈이다.

우리는 해리를 대체할 사람을 다방면으로 물색했고 팀 셔우드를 1순위에 올렸다. 그는 2014년 해고되기 전까지 토트넘에서 좋은 성과를 올렸다. 팀과 많은 대화를 나누었는데, 마음에 들긴 했지만 대단히 독선적이고 자기표현이 강한 사람이었다. 좀 까다롭고, 뭐랄까 호전적인 관계가 되겠다는 생각이 들었다. 마침 팀은 막판에 애스턴 빌라와 계약했다. 결국 우리는 시즌이 끝날 때까지 크리스 램지를 감독 대행에 임명했다. 크리스는 아카데미에서 일을 아주 잘했고, 선수와 구단을 잘 파악하고 있었기에 한 단계 올라갈 기회를 주자는 의도였다.

동시에 레스의 역할을 선수 영입까지 확대했고 이에 필 비어드는 자기 역할이 지나치게 줄었다고 느꼈다. 필은 처음부터 우리와 일했지만 우리는 각자 다른 길을 가기 시작했고 QPR에는 축구 경험이 더 풍부한 사람이 필요했다. 해리가 그만두고 1개월 뒤인 2월에 필도 그만두었다.

그렇게 4주 만에 CEO와 감독을 잃었다. 축구에는 힘들지 않은 순간이 없다. 하지만 또 다른 희망이 나타났다. 리 후스를 설득한 끝에 CEO로 영입한 것이다. 정말 잘한 계약이었다. 리는 번리, 레스터, 사우샘프턴, 풀럼에서 CEO를 지냈다. 축구를 하나부터 열까지 알고 있었고 QPR에 큰 변화를 가져왔다. 리와 레스가 자리를 잡자 구단이 탈바꿈했다는 느낌이 들었고 안정기에 들어선 것 같아 루벤과 나는 예산만 고민하면 되었다. 구단에 자주 나가지 않았지만, 잘 꾸려나가리라 믿을 수 있고 내가 원하는 방식으로 일하는 사람들이 상주하면서 그 결핍을 상쇄했다.

크리스가 감독한 첫 경기를 치르고 나자 제대로 굴러간다는 생각이 들었다. 선덜랜드와의 원정경기에서 우승했는데, 시즌을 통틀어 원정으로는 처음 승리한 경기였다. 리오 퍼디낸드 등 몇몇 사람들이 내게 크리스가 괜찮아 보인다고 문자 메시지를 보냈다. 그래도 레알 마드리드 카를로 안첼로티 감독의 이인자였던 폴 클레멘트와 접촉했다. 우리 구단에서 크게 활약하리라 생각해서다. 하지만 폴은 적어도 시즌이 끝날 때까지는 레알 마드리드에 남고 싶어 해서 크리스를 감독으로 계속 경기를 치렀다. 크리스는 상황을 호전시키지 못했고 QPR은 겨우 30점을 득점한 채 하위권으로 시즌을 마감했다.

돌이켜보면, 우리는 안정적인 선수단을 구축하려고 쉴 새 없이 노력했다. 내가 구단을 인수하자마자 강등당하지 않으려고 투쟁했고, 살아남았고, 프리미어리그에 남으려고 선수를 영입했지만 강등됐고 다시 올라가려고 노력해서 겨우 올라간 다음 또 떨어지지 않으려고 발악했다. 사실 안정은 없었다. 그리고 그 시즌이 끝날 무렵 선수단의 평균 나이가 거의 31세에 육박했다. 엄청난 계약을 맺고 데려왔지만 나이 들고 연봉에 걸맞은 노력을 하지 않는 선수가 많았다. 조이가 계속 얘기했듯 그동안 방향을 잘못 들었다.

크리스 램지가 잘하긴 했지만, 감독 자리에 적격이라고는 볼 수 없어서 11월 초에 다시 유소년 선수단 관리 업무에 복귀시켰다. 다음 감독을 찾는 동안 닐 워녹이 한 달 정도 도와줬다. 사실 나는 닐이 머무르길 바랐다. 닐의 감독일 때 결과가 좋은 편이었고 그렇게 짧은 시간 동안 올린 성과가 아주 인상적이었다. 하지만 더 장기적 관점이 우세했다. 우리에겐 팀을 재건할 젊은 피가 필요했다.

결국 첼시의 전 공격수이자 프리미어리그 득점왕(골든 부트)을 두 번 수상한 지미 플로이드 하셀바잉크를 고용했다. 지미는 현역을 은퇴하고 나서 성공적으로 감독 경력을 쌓아왔다. 그를 고용할 무렵, 버튼 앨비언이 리그 1에서 챔피언십으로 승격을 확정지었다. 버튼 앨비언이 그 정도 성적을 올린 적은 처음이었다. 우리는 지미가 모든 걸 가졌다고 생각했다. 젊고, 강하고, 공격수였으니 QPR도 공격 축구를 하리라 기대했다. 그러나 지미의 감독 아래 QPR은 추한 경기를 했고 버둥거리는 팀처럼 보였다.

2015~2016년 시즌을 진행하면서 지미는 구단에서 성과를 내지 못했고 QPR의 성적은 엉망이었다. 어중간한 중간 순위로 마무리하면서도 여름과 새로운 시즌은 좋게 시작할 수 있으리라는 희망을 품었다.

하지만 경기 방식에 대단히 실망한 끝에 나는 지미를 내보내자고 했다. 이기거나 지기보다 무승부로 끝내는 경기가 더 많았고 팀에 패기가 부족하다는 느낌이 들었다. 지미는 가끔 공격수 없이 경기하는 등 좀 이상한 전략을 구사했다. 그리고 티아론 체리 한 사람에 집착해 그를 중심으로 팀을 정비하고 코너 워싱턴 같은 선수에게는 기회를 주지 않았다. 그런 모습을 보니 팀이 힘들어질 것 같았다. 브렌트퍼드에 2:0으로 패배하고 나서 결국 지미를 내보내기로 했다. 레스가 그 말을 전달했고 나는 쿠알라룸푸르에 있는 집으로 돌아왔다.

지미가 감독하는 동안 경기 성적이 좋지 않았지만, 정당히 평가한다면 크리스 램지와 함께 구단을 바로잡기 시작했다는 공로도 있다. 나이 든 선수를 내보내고 문화를 바꾸고, 아카데미를 자리 잡게 하는 데 크게 기여했다. 우리가 세운 발전 계획이 드디어 제대로 된 관심을 받았다. 그 효과가 통계에서 나타났다. 2016년~2017년 시즌을 시작할 때 1군 선수의 평균 나이는 24세까지 떨어졌다.

눈에 잘 보이지 않지만, 에어아시아처럼 선수들이 계급과 상관없이 자신에게 가장 잘 맞는 포지션을 찾는 문화로 바뀌었다는 점도 무척 중요하다. 그때까지 아카데미에서 올라와서 1군 선수가 된 경우는 없었다고 알고 있다. 이제 QPR에서 아카데미를 '졸업'하고 대체 선수나 1군 선수로 활약하는 선수가 대여섯 명쯤 된다.

지미를 내보낸 다음 온갖 감독을 검토했다. QPR 홍보 부문장이자 내 자문 역할을 하는 이안 테일러가 말했다. "이안 홀로웨이는 어때요?" 하지만 새로 부임한 CEO 리 후스와 운영 부문장 레스 퍼디낸드는 고개를 갸우뚱했다. 이안 홀로웨이가 전직 선수이고 감독 가운데 가장 힘이 넘치는 사람이지만 우리 모두 동의하는 방향으로 구단을 이끌 만큼 전략적인 인물인지 의구심을 느껴서다. 우리는 아카데미를 발전시키고 구단 전체 기능을 더 유기적으로 연결하고, 아카데미 선수를 1군으로 훈련할 수 있는 감독을 원했다.

바로 이안에게 전화해서 대화를 시작한 나는 깜짝 놀랐다. 이안은 구단에 대한 애정이 넘쳤고 연봉 액수를 묻지도 않았다. 이안의 관심사는 일 자체, 즉 QPR에 가장 이로운 일을 하는 데 있었다. 지금까지 만났던 헌신적인 사람 중에서도 단연 돋보였다.

나는 루벤과 상의하면서 말했다. "비현실적인 사람이야. 돈이나 계약에는 관심 없고 그냥 QPR 감독이 되고 싶어 해." 그 점이 구단에 적합하다고 생각했다. 그래서 이안을 밀어붙였고 결국 QPR에 영입했다.

홀로웨이의 첫 경기는 노리치와의 홈 경기였다. 2분 만에 노리치 선수 한 명이 퇴장했다. 2:0까지 갔다가 노리치가 1점을 탈환했고, 마지막

15분 동안 대단한 접전을 펼쳤다. QPR은 2:1이라는 점수를 지켜냈다.

그 시즌은 괜찮게 마무리했다. 우리는 드디어 팀 재건에 돌입했다. 철두철미하게 QPR다운 QPR 팀을 만들고 싶다는 간절한 꿈을 5년 만에 이룬 듯했다. 레스 퍼디낸드, 이안 홀로웨이와 마크 버참 등 모두 전직 QPR 선수가 이제 구단 운영의 중심부에 자리 잡았다.

홀로웨이는 아카데미 선수를 선발했다. 그 중 두 명이 이제 1군 선수가 되었고 대여섯 명이 그 근처까지 왔다. 내가 회장이 되고 5년 동안은 없었던 일이다.

구단은 다른 면으로도 번창하기 시작했다. 예전에 마침 홀로웨이와 함께 QPR에서 뛰었던 개리 펜라이스를 레스 퍼디낸드가 데려오면서 선수 영입 시스템이 탄탄해졌다. 아카데미에 했던 투자도 성과를 올렸다. 항상 우리 구단에서 성장한 선수를 원한다고 말했지만(내가 크게 중시한 부분이다) 이루지 못했었다. 우리가 영입했던 감독은 대부분 유소년 선수단을 우리 선수 공급처로 생각하지 않았다. 지미조차 아카데미의 우수성을 여러 번 얘기하면서도 선수를 뽑을 때는 그런 원칙을 지키지 않았다.

지금 그 어느 때보다 QPR에 희망을 품고 있다. 우리는 올바른 팀, 올바른 문화를 구축했고 올바른 선수를 영입하기 시작했다. 장기 전략이지만 언젠가 성과가 나타나리라 믿는다.

11. 아름다운 경기The Beautiful Game

배경음악 리키 리 존스Rickie Lee Jones,

〈잇츠 라이크 디스It's Like This〉

에어아시아는 내 사회생활의 중추다. 에어아시아가 없었다면 말레이시아 그랑프리에서 출발점에 서거나 웸블리 경기장에서 조이 바튼의 어깨에 올라타지도 못했을 것이다. 하지만 항공업에 발을 들이기 전부터 나는 항상 축구에 열정을 쏟았다. 축구는 내 삶에서 일관된 주제였다.

일반적인 다른 사업체를 운영할 때와 축구 구단을 운영할 때 차이점은 한 단어로 축약할 수 있다. 통제. 에어아시아에서는 많은 일을 통제할 수 있지만 축구 경기를 관람할 때는 아무것도 할 수 없다. 감독이 선수를 선발하고 선수는 경기장에 나가고, 그게 다다. 내가 하는 일이라고는 그저 행운을 빌고, 관중석에 앉아서 레스 퍼디낸드와 대화하는 게 전부였다.

그리고 어떤 결과가 나올지 아무도 모른다. 어떨 때는 믿기 힘들 만큼 경기를 잘해서, 앞으로도 잘하리라 기대하면 금방 다시 뜻대로 되지 않는다. 정말 무슨 일이 있을지 절대 알 수 없으므로 흥미진진하면서도 무섭기도 하다.

나는 축구를 사랑해서 축구계에 몸담고 있다. 돈 되는 사업이라서가 아니다. 축구 구단은 흔치 않은 자산이므로, QPR을 구매하려고 문을 두드리는 사람은 항상 존재한다. 하지만 너무 사랑하기 때문에 팔지 않았다.

다른 사업에도 적용할 수 있는 경영전략과 리더십을 축구에서 배웠다. 그리고 5년 동안 가까이에서 축구 경기를 지켜보면서, 경기 자체를 두고 하고 싶은 말도 있다.

회장으로서 무엇보다, 가슴이 아닌 머리를 써야 한다는 사실을 명심해야 한다. 물론 열정이 중요하고 특히 경기장에서는 꼭 필요하지만, 그런 열정을 갖는 것과 의사결정에 열정을 쏟는 일은 전혀 다른 문제다. 의사결정을 내리기 전에는 숨을 크게 들이마셔야 한다. 중요한 결정을 내려야 할 때는 강한 감정에 사로잡혀 대응하기 쉬워서, 나는 항상 며칠 시간을 두고 생각한다.

QPR 초기에 많은 문제가 발생한 이유는 내가 충분히 고민하지 않았거나 그 자리에 없었던 탓이다. 그 자리에 있는 사람들이 어떻게 해야 할지 알 테고 그런 결정을 내린 데는 타당한 이유가 있겠거니 생각했다. 항상 그런 것은 절대 아니다. 두 시즌이라는 시간이 걸렸지만 이제는 구단 운영을 믿고 맡길 수 있는 팀을 구축했다. 내가 항상 자리에 있을 수 없으니 무척 중요한 일이고, 이제 나 없이 내린 의사결정이 내가 생각하는 운영 방향을 더 정확하게 반영한다. 다른 한편으로는 지도자가 되려면 어느 한 가지에 집중해야 한다는 점을 확실히 배웠다. 포뮬러 원에 참여하면서 QPR과 에어아시아도 운영하려고 했지만, 어느 것

하나 제대로 해내지 못했다. 특히 딘과 내가 밑바닥부터 쌓아 올린 에어아시아가 삐걱거리기 시작했다. 우리가 에어아시아 하나에만 집중하지 않더라도 변함없이 잘 돌아가야 한다고 생각했지만 그렇지 않았다. QPR과 케이터햄 F1도 생각만큼 잘되지 않았다. 집중하고, 자리를 지키고, 지켜보고, 현장의 소리를 듣고 또 직접 말을 건네야만 사업 안팎으로 무슨 일이 벌어지는지 이해할 수 있었다. 성공하려면 집중해야 한다. 그렇지 않고서는 각 부문에 필요한 만큼 관심을 기울이기가 불가능하다.

회장의 역할은 예산에 동의하고, 예산대로 집행하게 감독하고, 적합한 코치진을 기용하며, 그들이 운영하게 지원하는 일이다. 견제와 균형을 지키고, 그 자리에 항상 있지 않은 만큼 그 사람들이 못 보는 것을 봐야 한다. 적합한 사람을 자리에 앉혀서, 모두가 원하는 방식으로 구단을 발전시킬 수 있게 도와야 한다.

이사회를 전문적으로 운영해야 한다. 천문학적인 금액이 들어가므로 이사회 수준에서 의사결정을 할 때는 감정을 배제해야 한다. 그래서 훌륭한 이사회, 훌륭한 아카데미, 우수한 선수단, 제대로 된 영입 시스템과 의료 시스템이 있으면 뛰어난 축구 구단이 될 요소를 갖춘 셈이다. 이사진은 예산을 수립하고 경영 건전성을 관찰한다. 아카데미는 구단 문화가 깊이 스며든 충성도 높은 새 선수를 선수단에 공급한다. 선수단은 경기장에서 성과를 올린다. 영입 시스템을 통해 새롭고 적합한 선수를 영입하는데, '적합하다'는 '성공했다'라는 의미뿐만 아니라 구단과 같은 가치관 및 관점을 지녔다는 뜻이다. 그리고 의료진은 선수를 탄탄하고 건강하게 관리한다. 전혀 복잡하지 않은 시각이지만 단순한 게 강한 법이다. 항상.

QPR을 인수할 당시 모든 면에서 전문성이 없는 데 매우 놀랐다. 하지만 아무 조치도 하지 않았고 사실 더 악화시켰다. 원래 그렇게 해야 하는 줄 알았기 때문이다. 몇 년이 지나고 나서야 구단도 실제 기업처럼 올바르게 경영해야 한다는 사실을 깨달았다. 내 사업 철학은 열정에 기반을 두고 있다. 일하는 사람은 모두 맡은 일에 열정을 느껴야 한다. 운동 경기 역시 열정이 가장 중요하지만, 가끔 의사결정을 어렵게 만든다. 나는 초기에 너무 열정을 쏟다가 판단력이 흐려진 것에 가책을 느낀다. 지금 QPR 팀은 열정을 지녔지만 동시에 구단을 위해 현명한 결정을 내린다. 루벤과 나는 필요할 때만 개입한다.

또한 요즘 축구 선수는 정말 축구를 하고 싶어 하거나, 그냥 돈을 벌고 싶어 하는 두 가지 유형이 있다는 점을 깨달았다. 주급을 5만 파운드씩 받아가면서 제대로 뛰지 않는 사람이 있다니, QPR 이전에는 평생 겪어보지 못했던 일이다.

좀 더 일반적인 실태를 보면, 이렇게 많은 돈이 들어가는 스포츠인데도 에이전트들이 놀라울 정도로 규제받지 않고 활동한다. 에이전트 활동에 통제와 기준이 필요하다. 훌륭한 에이전트도 있지만 고객보다는 자기 이익을 우선시해서 고객의 경력을 망치는 에이전트도 많다. 젊은 선수가 큰돈을 벌지만 현실이 어떤지 전혀 모르는 경우가 있다. 그런 선수는 한 에이전트만 믿고 거래하는 성향을 보인다. 에이전트는 자기 선수를 올바르게 보살펴서 그 믿음에 부응해야 한다. 그러니 꼭 규제가 필요하다.

그리고 구단이 아니라 선수가 에이전트에게 돈을 지급해야 한다고 생각한다. 에이전트는 감독에게 어떤 선수를 쓰라고 영향을 주므로 항상 경기를 부패하게 만드는 주범이다. 이런 일은 선수, 감독, 구단, 팬 그리고 경기 자체에도 악영향을 끼친다.

현재 프리미어리그는 잘 운영되고 있다고 생각한다. 재정적 공정경쟁(Financial Fair Play)[5]은 중요한 조치였다. 그 규정을 두고 찬반이 50:50으로 갈렸을 때 사실 내가 마지막 투표자였다. 많은 부유한 구단들이 나를 못마땅하게 여긴 듯하지만, 무책임한 재정 운영은 잘못이라고 생각했다. 얄궂게도 QPR도 그 규정을 어겼다며 처벌을 받았다. 내가 보기에는 잘못된 결정이었고 이후 세부 항목은 바뀌었다.

프리미어리그는 잘 운영되지만 다른 데는 문제가 많다. 챔피언십에 경기가 지나치게 많으므로 리그 규모를 축소해야 한다. 챔피언십은 프리미어리그에서 뛸 기회를 얻지 못한 젊은 선수를 개발하는 주요 리그지만 이렇게 경기가 넘쳐나면 영국 축구에 이로울 건 전혀 없다. 영국 국가대표팀 구성도 뭔가 잘못됐다. 겉보기에는 우수한 팀인데 경기를 지켜보면 제대로 하는 법이 없다.

---

5) 유럽축구연맹에서 제정, 구단이 과도한 지출로 위기에 빠지는 것을 막기 위해 구단 수입 이상으로 지출하는 것을 규제하는 규정이다.

한 가지 좋은 방법은 프리미어리그와 챔피언십을 미국처럼 동부 리그, 서부 리그로 합치고 각 리그 우승팀끼리 결승전을 해서 우승팀을 가리는 것이다. 그러면 더 신나는 시즌이 되리라고 생각한다. 축구는 포뮬러 원만큼은 아니라도 최근 20년간 결과가 뻔히 보이는 스포츠가 됐다. 1992년~1993년 프리미어리그를 시작한 이후 우승팀은 2015년~2016년 예상 밖으로 우승한 레스터까지 포함해서 6개 팀밖에 안 된다. 그러니 대대적인 개편이 필요하며, 지역별 리그에 이어 플레이오프를 진행하고 에프에이 컵[6] 형식으로 결승전까지 치르면 재미있을 듯하다. 이런 리그는 고정적이지 않다. 각 팀은 강등되기도 하고 승격하기도 하면서 계속 리그를 이동한다. 이런 시스템은 현재 리그 이동을 거의 불가능하게 만드는 프리미어리그와 챔피언십 구단 간의 재정 격차를 줄여준다. 우수한 스코틀랜드 구단도 리그에 추가해야 한다. 레인저스나 셀틱 등의 팀이 우리 리그에 들어오면 얼마나 흥미진진할까. 경쟁 강도가 세지면 QPR에는 도움이 안 되겠지만 최대한 리그 체질을 강화하는 게 옳다고 믿는다. 아주 급진적인 생각이지만 이제 때가 됐다. 그 지역에서 성장한 선수의 역량과 팀들 간의 경쟁 수준이 전반적으로 향상되리라고 생각한다.

지금까지 장기적인 계획을 얘기했지만, 단기적으로 보면 잘못된 판정을 내린 경기가 너무 많다는 사실을 논의해야 한다. 심판도 사람이

---

6) FA Cup: 1872년 영국축구협회가 창설한 대회로 프로와 아마추어를 막론하고 모든 팀이 참가하여 토너먼트 형식으로 우승팀을 가리는 축구경기

고 경기는 순식간에 흘러가니 심판을 비난할 수는 없으며, 심판이 올바른 판단을 할 수 있게 최대한 지원해야 한다. 그런데 심판 판정 하나에 엄청난 돈이 오간다. 럭비와 크리켓에서 중요한 판정을 내릴 때는 즉각 비디오를 판독한다. 다른 스포츠도 아니고 크리켓이! 가장 전통적이고, 보수적이며 격식을 차리는 크리켓마저 신기술을 도입했다. 이제 축구 차례다.

생중계에서 모든 판정을 세 가지 각도로 보여주는 것을 보면 분명 기술은 충분히 가능하다. 축구협회와 프리미어리그가 가로막고 있을 뿐이다. 심판이 오프사이드나 고의적 반칙 같은 페널티를 놓치면 즉시 비디오 판독을 요청하고 판정할 수 있어야 한다. 적어도 심판의 시각과 TV 시청자의 시각이 같아지지 않겠는가. 조제프 블라터는 비디오 판독이 경기 흐름을 방해한다고 주장하겠지만, 솔직히 축구 경기야 여러 번 중단되기 마련이고 중요한 판정을 올바르게 내리면 경기는 개선된다. 나 같으면 경기마다 판정에 이의를 제기할 기회를 팀마다 세 번 부여하고 그 외에는 심판이 알아서 하게 할 것이다.

내가 워너 뮤직을 떠난 이유는 업계가 새로운 기술을 받아들이지 않아서다. 마찬가지로 축구협회나 국제축구연맹이 첨단 기술을 받아들이고 활용하지 않는다면 축구도 피해를 본다. 럭비의 부분 퇴장 규정(Sin Bin)도 적용했으면 좋겠다. 10분 정도 경기장 밖으로 내보내는 부분 퇴장을 적용하면 나쁠 것 없이 타당한 벌칙이다.

마지막으로, 팬을 언급해야겠다. 내가 평생 가장 중요하게 생각하는 존재가 열정이다. 그리고 축구 팬의 열정은 놀랍기 그지없다. 팬이 선수나 심판에게 욕하고 소리 질러서 비판을 받기도 하지만, 다 애정이 너무 깊어서 나오는 행동이다. 그들은 경기를 사랑하고 구단을 사랑하며, 모든 판정과 패배, 승리를 온몸으로 느낀다. 나는 축구의 그런 점을 사랑한다. 어떤 스포츠팬이 겨울 평일 밤에 400명~500명이나 모여서, 자기 팀 경기를 보려고 서부 런던에서 헐Hull이나 동키스터까지 차를 타고 가겠는가? 팬들은 자기 팀이 지고 있어도 구호를 외치고 노래를 부른다. 나는 미국 팬들이 영국과 유럽 몇 나라에 축구 경기를 보러 갔다가 그 격렬함과 엄청난 분위기에 압도당했다고 쓴 게시물을 본 적 있다. 미국은 물론 그 어디서도 그런 광경은 못 봤다고 했다.

축구에는 믿기 힘든 기술, 몇 백 년 묵은 경쟁의식과 전통, 눈물이 절로 흐르는 분위기의 멋진 경기장, 전 세계 누구나 이해하는 언어, 타의 추종을 불허하며 평생 헌신하는 팬 등 모든 것이 있다. 축구는 세상에서 가장 멋진 스포츠다. 그러므로 뒤처지지 않게 보호해야 한다.

12. 튠 그룹

배경음악 리키 리 존스Rickie Lee Jones,
〈위 빌롱 투게더We Belong Together〉

내가 딘과 함께 개척한 사업체의 모회사 튠 그룹의 사명은 "대접받지 못하는 사람들을 대접하자"이다. 16년 전과 다름없이 지금도 중요하게 생각하고 있다.

우리는 에어아시아를 막 인수할 무렵 튠 그룹을 만들었다. 이제 에어아시아 외에도 케이터햄, QPR, 마이러스, 그리고 튠 호텔, 튠 톡, 튠 프로텍트 등 튠 브랜드를 지닌 회사가 여럿 있다. 튠이라는 이름은 음악을 향한 애정에서 나왔고, 언제나 "삶과 조화를 이룬다"는 구호에 걸맞은 라이프스타일 브랜드를 창조해서 사명을 이루고자 노력해왔다.

딘과 나는 낮은 비용으로 높은 가치를 제공한다는 단순한 철학을 공유한다. 튠 브랜드를 쓰는 회사는 저마다 그 철학에 맞춰 경영한다. 브랜드가 어떻게 확장되었는지 살펴보면 이런 점을 알 수 있다. 항공, 보험, 모바일 인터넷, 호텔 등 어떤 분야든 튠을 훌륭한 서비스와 제품의 길잡이로 삼고자 했다. 궁극적으로 이런 제품과 서비스는 고객에게 필요한 할인이나 혜택을 제공하는 고객카드로 연결될 것이다.

튠 그룹은 처음에 튠 에어라는 이름을 생각했던 에어아시아에서 출발했다. 초창기 브랜드에 대해 상의할 무렵, 우리는 디자이너가 개발한 튠 에어 로고와 브랜드 색상을 주변에 선보였다. 반응은 신통치 않았다.

관광부 장관이 말했다. "왜 이름을 바꾸려 하나? 에어아시아라는 이름이면 완벽한데. 아시아 전역을 운항하는 비행기라는 느낌이고 지역적인 정체성도 주지 않나. 튠 에어는 아무것도 아니야." 워너 뮤직에서 함께 일했던 동료 캐스린 탄 역시 솔직했다. "튠 에어는 중국어 욕 같아요."

이런 의견에 에어아시아 직원들이 동의하면서 결정타를 먹였다. 그동안 에어아시아가 훌륭한 직장은 아니었지만, 이름의 위력만큼은 직원들도 인정했다. 딘과 나는 납득했다.

에어아시아 항공기는 파란색이었다. 그 색을 바꾸고 싶어서 빨간색만 빼고 온갖 색상 조합을 다 시도해봤다. 나는 빨간색에서 버진 항공을 연상했고, 안 그래도 리처드 브랜슨과 공통점도 많고 비교도 많이 당하는 터라 다른 색을 고르고 싶었다. 우리는 오렌지색으로 결정하고 조종사들에게 디자인을 보여줬다.

"빨간색으로 합시다. 빨간색이야말로 토니에게 잘 어울려요. 리처드 브랜슨 걱정은 하지 말아요. 당신은 당신이니까요. 자신감을 가져요."

그런데 리처드와 나를 비교할 때 내 시각은 명확하다. 우리 관심사는 비행기, 음악, 온갖 스포츠 등으로 비슷하다. 하지만 모험을 바라보는 관점은 다르다. 리처드는 열기구를 타고 대서양을 횡단하거나 달에 날아가는 일 따위를 스릴 넘친다고 생각하지만 나는 전혀 그렇지 않다. 달에는 뭐 하러 간단 말인가? 가서 뭘 하려고? 파티 장소도 없는 달까지 가기에는 지구에서 할 일이 너무 많다. 리처드와 나는 친한 친구이며 같은 도시에 있으면 항상 만나려고 노력하지만 일부 매체에서 얘기하듯 나는 리처드 브랜슨 아시아 버전이 아니다. 오래전에 에어아시아 기장이 한 말처럼 나는 그저 나일 뿐이다.

상징색을 파란색에서 빨간색으로 바꿨고 꼬리날개에 있던 새 그림도 없앴다. 나이키, BP, 코카콜라, 애플처럼 단순한 이미지 하나만 보여주는 게 브랜드에 더 효과적이라고 생각해서다. 로고나 상징은 그것만으로 즉각 알아볼 수 있어야 하고 다른 시각 요소는 필요 없다. 그래서 새를 없애고 에어아시아를 쉽게 알아볼 수 있도록 단순하게 접근했다.

튠의 로고와 브랜드도 이 원칙을 따랐다. 한번 보면 즉시 느낌이 오게 단순한 빨간색 로고를 만들었다. 우리는 튠 브랜드를 사용한 여러 가지 제품을 생각했지만 나는 계속 튠 호텔을 고집했다. 세계적으로 크게 성공시킬 수 있다고 생각해서다. 개념은 간단하다. 에어아시아 사업모델을 호텔에 적용한다. 고품질의 기본 서비스를 제공하고, 부가 서비스는 비용을 지급하고 사용 가능한 비즈니스호텔을 만들고 싶다. 도시에서 숙박할 때, 인터넷을 끊김 없이 사용하고 밤에 푹 잔 다음 상쾌하게 씻고 나가서 관광하거나 미팅을 하고 싶을 것이다. 대단히 큰 방이나 40인치 텔레비전, 미니바는 필요 없다. 쓸데없는 요소를 벗겨내고 품질이 우수한 필수품만 남겨두면 고객의 비용을 줄일 수 있다.

처음 이 아이디어를 생각해냈을 때 제대로 구현하지 못했음을 인정해야겠다. 투숙객에게 수건과 비누, 기타 표준용품 비용을 부과하려 했는데 좀 매몰차게 느껴지기도 하고 절차가 복잡했다. 우리는 이런 문제를 고심했고 튠 호텔은 새 경영진과 함께 약속한 바를 하나둘씩 실현하기 시작했다. 아직 갈 길이 멀다.

이론상 튠 머니 역시 단순한 사업모델이었는데 무척 난항을 겪었다. 최근에 만난 CIMB 회장이자 친한 친구 제이 라작은 함께 스쿼시를 치면서 우리가 원래 사업 계획에서 지나치게 살을 붙였다는 사실을 지적했다. 예전부터 나는 항상 금융 서비스에 진출하고 싶다는 생각을 했다.

우리는 단위형 투자신탁 판매부터 시작해서 신용카드를 발급한 다음, 다양한 금융 상품을 개발하자고 협의했다. 불행히도 우리가 설립한 합작 회사는 돈 먹는 하마였다. 대참사나 다름없었다. 계속 돈을 긁어서 밀어 넣었고, 제이는 대체 뭘 하는 거냐고 물었다. 충분히 타당한 질문이었다. 그는 은행가였고 돈을 잃어본 적이 별로 없었다.

나는 제이에게 18개월만 더 주면 회복시키겠다고 말하고 보험 상품을 만들어 에어아시아를 통해 홍보했다. 효과가 있었다. 에어아시아가 궤도에 오르자 우리는 다른 항공사 승객에게도 상품을 팔기 시작했다.

보험이 너무 복잡하다는 생각을 지울 수가 없었다. 보험 계약을 실제로 읽어본 사람은 많지 않다. 이미 자리 잡은 사업이 으레 그렇듯 고객에게 보험은 매우 혼란스러운 분야다. 이제 우리 보험 사업이 수익을 올리지만, 앞으로 훨씬 더 높은 수익을 낼 수 있을 것이다. 고객이 보험

정책을 쉽게 이해하고, 납득하고, 청구하게 만들어야 한다. 보험 기간은 훨씬 유연해져야 하고, 사람들이 단체로 휴가를 떠나기로 했다면 각출해서 공동으로 보험 상품을 구매할 수 있어야 한다. 유연한 단순함이야말로 내가 추구하는 가치이며 튠이 판매하는 제품도 유연하고 단순하길 바란다. 직접 현장에서 뛰는 CEO가 아니라면 불가능하겠지만 나는 계속 밀어붙일 생각이다.

튠 머니 사업으로 몇 가지 흥미로운 교훈을 얻었다. 첫째, 튠 머니를 시작하면서 나를 도와주고 지도해줄 업계 전문가를 물색했다. 하지만 내가 선임한 CEO들은 내 생각과 스타일을 따라가려고 했다. 그러면 힘들어하다가 결국 회사를 제대로 운영하지 못한다. 살면서 어떤 상황에 처해도 나는 나 자신이어야 한다.

두 번째 교훈은 파괴와 관련 있다. 나는 이 점을 몇 번이고 다시 깨닫는다. 새로운 시장에 진출할 때는 새롭고 파괴적인 것을 제공해야 한다. 우리는 에어아시아를 설립하면서 당연히 항공 산업 전문가를 물색했지만, 모든 것에 의문을 제기하고 회사를 이끌며 경쟁사를 상대하는 사람은 항공 업계 출신이 아니었다. 딘과 나는 항공사를 시작할 때 항공 산업에 대해 아무것도 몰랐다. 새로운 시장에서 사업을 시작한다면 의문을 제기하고 파괴하고, 또 창조하는 사람을 고용해야 한다. 해당 산업 출신은 그 산업 테두리 내에서 생각하는 사람일 가능성이 높다. 튠 머니를 이끄는 사람들도 훌륭한 인물이었지만 보험이나 금융 서비스 출신이었고, 우리에게 필요한 인재는 옛 산업에서 옛 회사를 운영한다는 생각을 하지 않는 사람이었다.

현재 튠 회사가 에어아시아와 분리된 까닭에 점차 자원배분 문제가 발생하고 있다. 그래서 이해관계가 상충한다면 누구에게도 이롭지 않은 일이다. 머지않아 에어아시아가 튠 회사들을 구매해서 이쪽 진영에 끌어들일 계획이고, 에어아시아의 관계회사 포트폴리오는 더욱 강화될 것이다.

결국 튠 그룹의 문제는 적합한 경영자가 없었다는 점이다. 인사의 중요성은 아무리 강조해도 지나치지 않으며 혁신과 변화도 마찬가지다. 또한 사업은 파괴적이어야 한다. 내가 성공했던 사업은 모두 파괴적이었다. 항로든 보험이든 파괴를 염두에 두고 설계해야 한다.

처음 딘과 함께 회사를 시작했을 때에 비해 이제는 경험도 쌓았고 일을 확실히 하려면 어떻게 해야 하는지 알고 있다. 하지만 이메일, 왓츠앱 메시지, 공항 터미널에서 만난 사람이 한 말 등 어떤 아이디어도 그냥 지나치지 않으며, 항상 사업과 사람에 대해 몰랐던 사실을 배우고 싶다. 나는 언제나 새로운 경험을 할 준비가 되어 있다.

13. 어프렌티스 도전기

배경음악 크리스 리Chris Rea, 〈크랙 댓 몰드Crack That Mould〉

미국에서 〈어프렌티스〉 하면 누구나 금방 도널드 트럼프를 떠올린다. 영국에서 떠오르는 이름은 알란 슈거다. 하지만 세계를 좀 더 돌아다니면 가는 곳마다 이름이 변한다. 거물 기업가가 사업가 꿈나무의 기량을 시험하는 인기 리얼리티 프로그램은 20개 국가 버전이 나왔다.

영국을 제외하면 대부분 국가에서 프로그램 대부분이 회차별로 특정 브랜드의 후원으로 제작되었다. 해당 회차 후원기업이 과제를 정하고 사실상 제작비용을 댄다. 그렇다고 해도 비용이 꽤 높은 편이고, 동남아시아 지역에서 한 국가에만 방영한다면 자금 유치가 어렵다. 그래서 제작자는 프로그램을 〈어프렌티스 태국〉이나 〈어프렌티스 말레이시아〉가 아닌 아시아 전체를 포괄하는 구성으로 확장하기로 했다. 전 세계 인구 절반에 영향을 준다는 의미다.

하지만 모든 국가에 알려진 기업이나 기업가가 별로 많지 않다. 제작진은 그중에 내 얼굴이 꽤 알려져 있다고 생각했다. 제작진이 파아Phar의 마커스와 닉을 통해 내게 연락했을 때 쑥스러운 기분이 들었다.

몇 가지가 마음에 걸렸다. 첫 번째는 물리적인 문제였다. 일정상 프로그램에 출연할 시간이 나지 않았다. 두 번째는 좀 더 심각했는데, 과연 할 수 있을지 확신이 서지 않았다. 살면서 학교 기숙사장이 될 때도, 항공사나 축구 구단을 운영할 때도 처음에는 내 능력을 과소평가했다. 도전하고 싶었지만 실제로 해보기 전에는 내가 해낼 수 있을지 늘 자신이 없었다.

스스로 도널드 트럼프나 알란 슈거와 비슷하다고 생각해본 적도 없다. 오히려 성격이나 사업 철학 면에서 완전히 반대라고 생각한다. 나는 본능적으로 항상 사람들에게 기회를 주고 조직 내에서 각자에게 맞는 역할을 찾으려고 한다. 하지만 트럼프나 슈거는 누군가 그 업무에 맞지 않다는 생각이 들면 곧 해고해버리지 않나. 게다가 리무진, 헬리콥터, 경호원 등 거물의 생활양식에 따라오는 과시 요소를 좋아하지 않고, 야단스러운 성격도 아니다. 매체에 오르내리다 보니 사람들이 오해하지만 나는 사실 상사로서 말수가 적은 편이다. 야단스럽고, 공격적이고, 노골적이지 않다면 프로그램이 재미있을까?

한동안 연락을 받지 않았지만 에어아시아 홍보 담당자들이 브랜드 홍보에 크게 도움이 될 거라고 계속 설득하기에 결국 승낙했다. 새로운 모험이었다.

제작진은 참가팀을 지켜보고 과제 결과를 보고할 참관인 두 명을 고르라고 했다. 나는 똑똑하고 경험이 풍부하며, 강인한 성격을 지닌 캐스린 탄을 지명했다. 캐스린은 훌륭한 마케터이고 SNS에 정통하며, 나와는 워너와 에어아시아에서 함께 일했다. 다른 한 명은 초등학교 때부터 알고 지낸 마크 랭키스터다. 성격은 캐스린보다 약삭빠르고 부드러운 편인데 그만큼 지혜롭다. 워너에서 함께 일했고 지금은 튠 호텔을 운영하고 있다.

첫 시즌은 치열했다. 참가자 모두 아주 힘들게 과제를 수행했고 그 과정에서 나도 많이 배웠다. 내 도움을 약간 받아서 파아가 후원자를 확보한 다음 오디션 단계로 접어들었는데, 아시아 전역에서 3만 명 이상 몰려들었다. 지원자를 100명 안팎으로 걸러냈고 결국 마지막 30명이 남았다. 시즌 1에서 내 앞에 나타난 12명은 다양한 국적과 재주로 멋진 조합을 보였다. 하지만 나는 참가자와 회의실에서 대화할 뿐 다른 교류는 전혀 없었다. 다시 말하지만, 사람들과 대화하며 알아가기를 좋아하는 나로서는 아주 힘든 일이었다. 냉담하게 구는 데 익숙하지 않아서, 다른 진행자와는 다르게 회의실에서 참가자들과 친해져서 만회하려고 노력했다. 어느 정도 악역이 되는 걸 피할 수는 없었다(그게 역할이니까). 하지만 그게 즐겁지는 않았다.

특히 시즌 초반에, 잘못에 책임지는 아시아 문화를 대단히 흥미롭게 지켜봤다. 영국과 미국이라면 참가자들은 거리낌 없이 상대방 등에 칼을 꽂은 다음 쓰러진 사람을 짓밟고 서서 자기가 최고라고 자신 있게 주장한다. 〈어프렌티스 아시아〉 1화에서 4화까지, 대결에서 패배한 팀의 팀장 두 사람이 스스로 물러났다. 4화 방송분 회의실에서 닝쿠라는 참가자가 해고되기보다는 스스로 그만두겠다고 했을 때 나는 "스스로 그만두지 좀 말아요"라고 말했다. 닝쿠가 그만두고 싶어 해서 결국 해고하긴 했지만, 자기 의견을 제대로 표현했다면 생존했을 수도 있다. 회차가 진행될수록 참가자들이 얼마나 우승하고 싶어 하는지 절실하게 와 닿아서, 해고하기가 더 힘들어졌다.

또 다른 문화 차이는 누구를 해고할지 최종으로 결정할 때 패배 팀 리더는 성적이 나쁜 후보가 아니라 좋은 후보를 지목한다는 점이다. 그러면 나는 결정할 폭이 좁아진다. 좋은 성과를 낸 구성원을 해고할 수는 없으니 거의 항상 패배 팀 리더를 해고해야 할 상황에 부딪힌다. 6화에서는 참다못해 패배 팀 리더 조너선에게 부적합한 후보를 회의실에 데려오면 선택을 무효로 하겠다고 말했다.

하지만 회차가 진행될수록 극적인 재미가 더해져서, 후보들은 더 강해졌고 개인적인 성향이 짙어졌다. 흉악해졌다는 뜻은 아니지만 기업가답게 회복력이 강해졌다. 애초에 내가 이 역할을 맡은 이유기도 하다. 사업에 한 번 덤벼들라고 아시아인을 격려하고 싶다. 성공하려면 굴하지 말고 어려움을 겪을 때 다시 일어나고, 문제가 닥치면 해결책을 찾아야 한다. 꿈을 이루고 싶으면 인내심을 가져야 한다.

에어아시아에는 특정 직무로 시작해서 포기하지 않고 계속 노력하여 자기 꿈을 이룬 사람이 아주 많으며, 나는 그런 자질을 무척 존경한다. 여덟 살 때부터 비행기 조종사가 되고 싶었던 쿠간 탕기수란의 이야기는 무척 감동적이다. 쿠간이 학교를 졸업했을 때 집에서는 조종사 훈련 비용을 감당할 수 없었기에 호텔 경영을 공부하고 호텔에서 일했다. 그는 에어아시아에서 부서 간 이동이 가능하다는 얘기를 듣고, 2006년

오토바이 배달원 자리가 났다고 해서 기회를 잡았다.

7년간 열한 번 시도를 거쳐 결국 2013년, 쿠간은 아시아 태평양 비행 훈련 프로그램 시험에 통과했다. 거기서 15개월 공부한 다음 에어아시아 비행 아카데미로 옮겨 6개월간 집중 훈련을 받았다. 2015년 6월에는 부기장 자격을 취득했다. 나는 쿠간이 말할 수 없이 자랑스러웠다. 아카데미를 졸업할 때, 새로 자격을 취득한 승무원과 조종사, 정비사, 지상 조업사 및 가족들 앞에서 나는 그를 포기하지 않고 꿈을 이룬 빛나는 모범 사례로 평가했다.

"나는 이 남자에게 큰 감명을 받았습니다. 쿠간은 조종사가 되겠다는 꿈을 꿨습니다. 입학시험을 열한 번이나 치러야 했지만 절대로 포기하지 않았고, 저는 그가 포기하게 허락하지 않았습니다. 계속 말했죠. '쉽게 포기하지 말아요. 자기 능력을 믿고 나아가서 최고가 되는 사람을 원합니다.' 에어아시아에서 14년 동안 멋진 일을 많이 목격하고 전해 들었지만, 포기하지 않고 배달원에서 부기장이 된 젊은이 쿠간만큼 자랑스러운 일은 없었습니다. 정말 멋집니다. 굳은 결심으로 포기하지 않으면 무엇이든 이룰 수 있다는 걸 말레이시아와 전 세계에 보여줬기에, 진심으로 정말 당신이 자랑스럽습니다. 모두가 쿠간을 조금씩 본받아서 최선을 다하고 꿈꾸는 대로 살아가며 절대로 포기하지 않기를 바랍니다."

말하면서 눈물을 흘렸다. 쿠간의 이야기는 매일 내게 영감을 주며, 그런 느낌을 어프렌티스 아시아 후보들에게도 전해주고 싶었다. 포기하기는 쉽지만, 간절히 원하는 대상과 머릿속을 떠나지 않는 꿈이 있다면 계속 시도해야 한다.

정말 즐겁게 프로그램을 찍었다. 제작 측면에서도 개인적으로도 무척 매력적인 일이었다. 후보들의 야망, 경쟁, 누가 이길지 지켜보면서 흥미진진했다. 여느 시청자와 다름없이 그 과정에 몰두했다.

후보들이 발전하는 과정을 지켜보면 회복력과 자신감, 강한 의지력이 얼마나 중요한지 빛을 발하리라고 생각한다. 아시아에서 더 많은 기업가가 사업을 시작하고, 문제에 부딪힐 때 중단하지 않고 끝까지 해내는 데 도움이 된다면 어프렌티스를 촬영한 보람이 있다고 생각한다. 우리 프로그램이 마지막에는 CSI 못지않게 높은 순위를 기록했으니, 충분히 많은 사람이 그 뜻을 이해했길 희망한다.

이 글을 쓰는 동안 시즌 2를 상의하고 있다. 촬영이 무척 기대되고, 기업가가 되려면 무엇이 필요한지 아시아 지역의 의식이 성장하는 데 도움이 되었으면 한다. 그리고 내가 마침내 은퇴할 때는 TV로 토크쇼를 하고 싶다. 계속 지켜봐 주길 바란다.

14. 이제 누구나 날 수 있다

배경음악 캘빈 해리스Calvin Harris, 〈마이 웨이My Way〉

나는 운이 좋았다. 40년 전 간식 상자에 붙였던 꿈은 이제 매일 겪는 현실이 됐다.

30년간 투지와 회복력으로 버텼고, 비극과 실망을 딛고 일어났고 이상한 운도 따랐다. 이 모든 것 덕분에 후회 없는 삶을 살았다. 내일 아침 버스에 치인다고 해도 아무것도 바꾸고 싶지 않다. 삶이 가져다준 기회는 모두 잡았고 최선을 다했다. 플라비오 브리아토레가 했던 제안을 진지하게 고려하지 않았다면 QPR을 인수하지 못했을 것이다. 데즈 마호니를 비웃었다면 포뮬러 원에서 세 시즌을 보내지 못했을 테고 케이터햄을 발전시키길 기대할 일도 없었다. TV에서 스텔리오스를 봤을 때 내 안에서 들려오는 소리에 귀를 기울이지 않았더라면 에어아시아를 설립하고 지금 매일 보는 수천 명의 올스타와 함께 일하는 영광을 누렸을 리 없다.

물론 보상도 따랐다. 돈뿐만 아니라 영국, 프랑스, 말레이시아 정부에서 훈장과 작위를 받았다. 그런 상을 받을 자격이 있는지 잘 모르겠지만 감사하고 자랑스럽다.

이런 상은 함께 누리기에도 좋다. 2011년 대영제국 지휘관 훈장(CBE: Commander of the British Empire)을 받았을 때 부모님은 돌아가신 지 오래였으므로 딸과 이모, 엡솜 동창 찰리 헌트의 어머니를 수여식에 초대했다. 나는 영국 국적이 아니어서 말레이시아 대사관에서 상을 받아야 했지만, 그때 버킹엄 궁전에서 도보 15분 거리인 체스터 스퀘어에 살고 있었다. 결국 2011년 3월 31일, 지인들을 그곳에 데려가서 상을 받을 수 있는 영광을 얻었다. 여왕이 편찮으셨기 때문에 앤 공주가 상을 수여했다. 나는 공화주의자라서 이런 상을 받는 게 좀 위선적이지만 그래도 수상식은 즐거웠다. 상을 받아서 말레이시아의 인지도를 높일 수 있다면 나쁜 일은 아니라고 생각한다.

2013년에는 프랑스 정부에서 예술 문화 훈장 코망되르 레지옹 도뇌르 훈장을 받았다. 당시 프랑수아 올랑드 대통령이 수여식을 주관했고 수상자는 여섯 명이었다. 정장을 입고 긴장해서 두리번거리며 앉아 있는데, 그날 수상자이며 2차 세계대전에서 나치로부터 유대인을 구한 여성에게 수여하는 표창장 문구를 올랑드 대통령이 읽어 내려갔다. 나는 앉아서 생각했다. '당황스럽네. 내가 저런 분과 비교될 만한 일을 했다고?' 대통령이 내 업적을 읽기 시작할 때 나는 고개를 숙였다. 하지만 놀라웠다. 대통령은 내가 어떻게 아시아에서 여행을 변화시켰는지, 포뮬러 원과 에어아시아로 많은 프랑스인에게 일자리를 주고 항공 및 자동차 산업에 엄청난 일거리를 만들어냈는지 설명했다. 고개를 들어도 되겠다는 느낌이 들었다.

사업을 시작하고 운영하면서 무엇을 배웠던가? 지금도 매일 뭔가를 배우고 있으니 과거형 질문은 아니다. 하지만 이런 질문을 받으면 음악 산업을 예로 들어 내 근본 철학을 설명한다. 기본적으로 내 철학은 제일 중요한 수익을 높이고 비용을 낮추고, 최종 결산을 최대화하고 재무제표를 건전화하는 것이다. 그리고 재무제표에서 가장 중요한 항목은 현금이다. 회계사는 보는 사람 입맛에 맞춰 얼마든지 숫자를 꾸며내겠지만 현금은 거짓말하지 않는다. 현금이야말로 재무의 근본이다.

사업의 근본을 네 가지로 요약하면 이렇다.

1. 훌륭한 제품이 우선이다. 조그만 기계, 드럼, 옷, 무엇을 팔든 고객이 원하는 제품이어야 한다. 재규어든 프로톤이든 현대든, 리츠 칼튼이든 튠 호텔이든, 고객이 기꺼이 낼 만한 값을 매겨야 한다. 음악으로 비유하자면, 음악에서 무엇이 가장 중요할까? 노래다. 세상에서 가장 훌륭한 가수를 데려올 순 있지만 곡이 형편없으면 사랑받지 못한다. 나는 항상 가수 겸 작곡가와 계약하기를 선호했다. 이런 사람은 자기 운명을 뜻대로 할 수 있기 때문이다. 음악 역사를 들여다보면 가장 오랜 기간 사랑받은 밴드나 가수는 직접 곡을 썼다. 훌륭한 곡과 훌륭한 가수가 있으면 준비는 끝났다. 그게 자기 제품이다. 내 제품은 친절한 서비스를 제공하는 저비용항공사였다. 저렴한 항공권, 다른 항공사가 가지 않는 도착지, 군더더기 없이 하루 동안 최대한 비행하고 승객이 원하지 않는 서비스에 요금을 청구하지 않는다.

이 애기를 하자 사람들은 가격과 부가 서비스 등을 질문했지만, 내게는 가격 자체가 제품이었다. 고가 항공이나 저비용항공, 둘 중 하나여야 한다. 현재 싱가포르 항공이 고통 받는 이유도 지나치게 많은 시도를 하기 때문이다. 에어아시아는 단순한 메시지 하나에 모든 노력을 기울인다.

명확한 메시지란 이해하기 쉬운 명확한 제품을 뜻한다.

2. 훌륭한 제품을 만들었으면 사람들에게 알려야 한다. 세상에서 가장 멋진 제품을 만들 수는 있지만 그걸 아무도 모른다면 망할 수밖에 없다. 아주 훌륭한 가수가 노래한 대단히 훌륭한 곡을 음반으로 내더라도 제대로 알리지 않으면 그 음반회사는 망한다. 마케팅이 핵심이다. 위대한 아이디어도 마케팅을 소홀히 하는 바람에 실패한 경우가 수없이 많다. 마케팅이 무엇일까? 광고에 돈을 쓰는 것도 물론 해당하지만 마케팅에서 대외 홍보(PR)가 아주 중요하다는 사실을 많은 사람이 간과하고 있으며 오늘날 SNS가 이를 주도하고 있다. 페이스북이 에어아시아에 자유롭게 쓰라며 15만 달러를 주었고 직원들은 그 돈을 내 SNS 계정에 투자하기로 했다. 이제 막 SNS를 시작했는데도 이 글을 쓰는 시점에 내 트위터 팔로워는 145만 명, 페이스북 팔로워는 50만 명, 인스타그램 팔로워는 10만 명이다. 매일 에어아시아, QPR, 케이터햄을 비롯해 내가 아끼는 사업체에 대해 수십만 명과 교류하며 의견을 주고받는다. 이런 현실을 보면 대외 홍보의 효과가 늘 과소평가 됐다는 생각이 든다. 에어아시아에 돈이 없을 때, 나는 항상 매체에 얼굴을 내밀고 신문 1면을 장식했고 빨간색 야구 모자를 쓰고 다니면서 에어아시

아 브랜드를 노출했다. 오늘날 에어아시아를 현재 위치에 올려놓은 데는 마케팅보다, 매체와 인터뷰하거나 포퓰러 윈을 이용해 리처드와 함께 이목을 끄는 등 대외 홍보가 더 큰 역할을 했다고 생각한다.

항공사는 마케팅에 돈을 많이 쓰는 일이 거의 없지만, 어쩌다가 투자하더라도 메시지가 엉망인 경우가 많다. 에어아시아는 아무 의미 없이 나비가 날아다니는 화려한 영상을 내보내기보다는 가격에 초점을 맞췄다. 중요한 한 가지 메시지만 전달하면 되지, 왜 여러 얘기를 해서 시장을 혼란스럽게 한단 말인가. 가끔 에어아시아 기내식 얘기를 할 때는 있지만, 이런 문제를 해결하려고 하위 브랜드를 만들었다.

예를 들어, 에어아시아의 기내식은 산탄Santan이라는 브랜드이며 곧 쿠알라룸푸르에 산탄 식당을 열 계획이다. 기내 와이파이는 로키RoKKi이고 역시 별도 브랜드로 홍보하고 있다. 이렇게 했을 때 장점은 에어아시아는 '친절한 서비스를 제공하는 저비용항공'이라는 브랜드 정체성을 유지하면서 에어아시아와 관련된 브랜드는 독자적인 메시지를 만들 여지가 생긴다.

3. 세 번째는 유통이다. 고객에게 제품을 알렸으면 쉽게 살 수 있게 만들어야 한다. 에어아시아의 유통 경로는 인터넷이다. 음반 회사 유통 경로는 CD와 카세트테이프를 판매하는 음반 가게에서 인터넷으로 진화했다. 내가 워너를 떠난 이유도 산업에서 이 새로운 유통 경로의 중요성을 인정하지 않았기 때문이다. 음악 산업은 그런 오만 탓에 시련을 겪었다.

4. 퍼즐의 마지막 조각은 실행이다. 아이디어야 좋을 테고, 말로 이러쿵저러쿵하기는 쉽지만 제일 중요한 건 결과다. 라이언에어는 내가 본 회사 중에 가장 훌륭하게 계획을 실행으로 옮기는 곳이다. 유럽은 정부 간섭과 통제에서 훨씬 자유로워서 우리 같은 제약을 받지는 않았지만, 몇몇 분야에서 내가 모범으로 삼은 기업이다(그래도 우리가 더 잘하는 부분이 있다. 어쨌든 라이언에어보다 여러 분야에서 훨씬 뛰어나지 않았다면 9년 연속 '세계 최고 저비용항공사'에 뽑히지는 않았겠지!)

실행의 요체는 사람과 프로세스다. 그래서 에어아시아는 비행이나 수화물과 근본적으로 관련이 없는 면세품, 음식, 선물 등 기내 또는 온라인에서 구매 가능한 '보조 서비스'에 집중했다. 에어아시아의 성공에는 단순성과 탈관료주의도 한몫했다. 조직 규모가 커지자, 뾰족한 가시덤불과 거대한 나무가 가득한 디즈니 숲처럼 관료주의가 자라났다. 나는 최근에 관료주의를 때려잡는 거인이 되어 나무와 가시덤불이 자라는 것을 막고 보이는 대로 뽑아냈다. 실행은 적합한 인물이 맡아서 빠르고 집중적으로 해치워야 한다. 성공의 90%가 실행에 달려있다.

제대로 실행하지 않아서 빛을 못 보는 훌륭한 아이디어가 너무 많다. 아이디어를 사장시키지 않으려면 재빨리 움직여야 한다. 물론 너무 빨리 움직이다가 실수할 가능성도 있으니 균형이 필요하다. 하지만 의사결정은 언제나 빠른 편이 낫고, 분석만 하다 끝나는 꼴은 피해야 한다. 최근 우리는 지나치게 스프레드시트에 의존하고 있다. 설립 초기에는 비행 부문 운영, 지상 부문 운영, 매출 확대 방안 등 무슨 안건이든 에어아시아가 생존하는 핵심은 빠르게 움직이는 데 있었다.

이상 네 가지는 사업체 설립에 필요한 기본 원칙이며, 이를 모두 지킨다면 성공할 수 있다. 하나라도 놓치면 무너질 것이다. 그러다 어느 순간에는 자신을 추스르고 다시 시도해야 한다. 요즘에는 인내와 투지라는 덕목을 과소평가하고 있다. 지름길로 가려고 하는 음악가나 축구선수를 많이 봤지만, 세상에 지름길은 없다. 믿어도 좋다. 위대한 음악가나 운동선수는 모두 최선을 다했다. 지름길이란 실패로 가는 길이다.

지난 10년 동안, 내가 다른 사람의 재능에 쉽게 유혹당한다는 중요한 교훈을 얻었다. 축구선수나 음악가 한 사람의 능력, 활약을 목격하고 감동해서 가슴 벅차기 쉽지만 이런 감정은 위험하다. 편안하게 앉아서 무대를 즐기되, 좀 덜 화려하더라도 놀라울 정도로 노력하는 선수가 더 가치 있는 자산이 될 때가 많다는 사실을 잊으면 안 된다.

에어아시아의 성장 동력은 사람, 문화, 단순한 메시지와 브랜드였다. 이 모든 요소와 더불어 협력 관계도 주요 역할을 했다. 계약서 수백 장에 서명할 수는 있지만 진정한 관계가 없다면 사업을 성장시키기 힘들다.

항공사는 외부와 단절한 상태로 존재할 수 없다. 비행기를 띄우려면 제조업체, 공급자, 금융업자가 있어야 한다. 에어아시아도 마찬가지며 우리의 성공에는 에어버스, 제너럴 일렉트릭, 크레디 스위스와의 오랜 협력관계도 한몫했다.

그들은 좋은 시절과 나쁜 시절에 변함없이 우리와 함께했다. 유가 헤지를 했다가 수백만 달러를 잃었을 때 에어버스와 GE가 옆에 있었고 우리는 지급한 돈을 다시 가져왔다. 크레디 스위스는 에어아시아 주식이 공매도 되는 상황에서도 우리 곁을 지켰다.

마찬가지로 그들에게 에어아시아가 필요할 때 우리도 그 옆에 있었다. 몇 년 전, 에어버스가 A320neo기를 판매하면서 구매자에게 두 엔진 중 하나(GE 또는 프랫 앤드 휘트니)를 선택할 수 있게 했을 때 아무도 GE 엔진을 주문하지 않았다. 나는 항상 약속을 지키는 GE를 믿었고, 알고 보니 GE 엔진이 프랫 앤드 휘트니 제품보다 훨씬 우수해서 내 체면도 섰다. GE가 생산한 LEAP-X 엔진을 아무도 사려고 하지 않을 때, 에어버스가 A320neo기를 개발하고 홍보할 때, 에어아시아는 그들을 도왔다. 또한 주요 거래는 모두 크레디 스위스를 통해서 했고 크레디 스위스가 IPO 주관사 계약을 따내도록 지원했다.

에어버스 그룹 CEO 톰 엔더스, COO 존 리히, GE의 CEO에서 회장이 된 제프리 이멜트, 크레디 스위스 아시아 태평양 부문 CEO 헬만 시토항 같은 사람들은 에어아시아가 성공하는 데 중요한 역할을 했다.

톰 엔더스는 에어버스의 정치적 배경에도 불구하고 오늘날 회사를 본인 말을 빌리면 '정상적인 회사'로 탈바꿈시켰다. 톰은 무척 개방적이고 겸손한 사람이며, 우리가 원하는 비행기를 설계하도록 도와줬다. 존 리히는 훌륭한 영업인이며 그의 감독 아래 에어버스와 보잉의 납기 격차가 크게 줄었다. 그 덕분에 에어아시아는 엄청나게 많은 주문장을 작성했고 계속 에어버스를 신뢰할 수 있었다.

제프리 이멜트는 우리가 좋은 엔진을 계약하도록 도와줬다. 에어아시아가 원하는 엔진을 계약하지 못하던 차에 우연히 제프리가 아시아에 있어서 협의할 사람을 보냈다. 그는 보고를 듣고 나서 거래를 승인했고, GE 직원이 본사에 어떻게 보고할지 묻자 대답했다. "내가 본사야."

헬만 시토항은 특이한 금융인으로 비단 손익뿐만 아니라 사람을 중시한다. 말레이시아 지역 관리자에서 아시아를 담당하는 최고 위치로 성장하는 모습을 지켜보면서 뿌듯했다.

늘 이런 협력 관계를 유지한 덕분에 문제가 생기면 서로 도울 수 있었다. 기업 세계에서 사라져가는 개념이지만 의리는 에어아시아 역사에서 중요한 개념이다. 내가 성공한 것은 주변에 톰, 존, 제프리, 헬만 등 훌륭한 사람을 둔 덕분이었다. 그리고 가장 중요한 점은 그들 모두 나처럼 우리 직원을 믿어 주었다. 어떤 항공사라도 주변에 이런 사람들이 있다면 성공하리라 믿으며, 아시아의 저비용항공사라는 꿈을 현실로 만드는 데 에어아시아 설립자 못지않게 중요한 역할을 했다고 생각한다.

시간이 갈수록 이 조직의 일부가 되어간다는 느낌이 든다. 물리적이나 법적으로 묶여 있지는 않지만 우리는 무척 가깝다. 그들은 단지 사업 파트너가 아니라 내 친구다. 우리는 좋은 일이 있으면 함께 축하하고 상대방 회사 일로 즐거워한다.

여기 딱 들어맞는 사례가 에어버스다. 지금은 전략/마케팅 부문 부사장이 된 키란 라오를 2002년에 처음 만났다. 스탠스테드 공항에서 코너 매카시를 만날 때도 그랬듯 회의실 탁자를 사이에 두고 일반적인 사업 회의를 한 건 아니었다. 우리는 싱가포르 공항에 있는 밴앤제리 아이스크림 판매대에서 만났다. 당시 보잉이 아시아 지역에서 여전히 주요 국영 항공사만 쳐다봤던 것과 달리 에어버스는 저비용항공사를 대단히 큰 성장을 가져다줄 원천으로 인식했다. 만남은 짧았지만 나는 우리가 서로 통하고, 함께 일할 수 있겠다고 생각했다. 지금까지 에어버스와 600대가 훌쩍 넘는 항공기를 계약한 걸 생각하면 아주 절제한 표현이다.

키란이 이끄는 팀과 교섭하는 일은 항상 힘들지만 우리는 각자 회사의 이익을 추구하면서 둘 다에게 유익한 계약을 맺는다. 그리고 계약이 끝나면 파티할 차례다. 2011년, 한번은 파리에 있는 나이트클럽에서 화요일 밤에 규모가 큰 계약을 하기로 했다(다시 말하지만 회의실에서 거래하지 않는다!). 나는 고위 임원 존 리히를 포함해서 에어버스 임원이 모두 일어나서 춤을 춰야 계약서에 서명하겠다고 했다. 존은 타고난 춤꾼은 아니었지만 나름대로 분위기에 동참했다. 사실 서명을 미룬 이유는 많은 인도인, 특히 케랄라 출신 인도인이 화요일에 새로운 일을 시작하는 걸 불길하게 생각하기 때문이어서 자정이 지날 때까지 기다렸다가 서명했다. 그 와중에 무대에 함께 오른 우리 승무원과 저쪽 회사원을 지켜보면서 무척 유쾌했다. 무대가 끝난 다음, 변호사에게 보여줘야 할 법적인 서류에 승무원에게 부탁해 립스틱 자국을 남기고 수백만 달러짜리 계약에 계약금으로 20파운드를 냈다. 다시 말하지만 협상이 끝나면 파티 시간이다!

업무상 동료와 '사교적' 친구를 구분하는 사람이 있는데 나는 정말 그럴 필요를 못 느낀다. 일하는 과정에서 틀어진 사람들도 대부분 다시 친구로 돌아갔다. 처음 제이를 만났을 때 우리는 서로 싫어했지만 함께 일하면서 브로맨스에 가까운 우정이 생겼다. 루벤 그야나링감은 QPR을 함께 운영하는 멋진 파트너다. QPR에서 일이 제대로 돌아가지 않는다고 느낄 때 루벤이 곁에 있었고 서로 도움을 주고받았다. 딘은 공동 사업자라기보다는 형제 같다. 우리 둘은 정말 다르지만 가족처럼 서로를 이해한다.

그 과정에서 개인적인 희생도 있었다. 나는 일과 생활방식 때문에 결혼에 실패했다. 아주 큰 대가였다. 하지만 아이들에게 많은 시간과 애정을 쏟아 부었고 아이들 덕분에 얼마나 행복했는지 모른다. 지난 10년 동안 개인 시간이 나면 무조건 스테파니와 스티븐과 함께 시간을 보냈다. 스테파니는 중등학교에 갈 나이가 되어 엡솜 컬리지에 보냈고 거기서 잘 생활했다. 스테파니가 너무 보고 싶어서, 금요일 밤이면 말레이시아에서 런던행 비행기를 타고 토요일 아침에 도착해서 시간을 보낸 다음 일요일 밤에 돌아올 때가 많았다. 무척 힘들었지만 그런 주말은 아주 즐거웠다. 가끔 하키를 하는 스테파니를 따라가 응원하기도 했다. 딸이 잘하면, 내 아버지는 절대로 해주지 않았던 칭찬을 해준다.

2015년 6월 25일, 스테파니의 더럼 대학 졸업식에 참석하려고 런던 집에서 더럼까지 운전해갔다. 지난 3년을 마무리하는 특별한 날이었고, 스테파니는 노력과 재미라는 두 마리 토끼를 잡았다. 나는 해내지 못했던 일이다. 대학 부총장이 스테파니의 이름을 부르는 소리가 유구한 역사를 지닌 더럼 성당 천장에 울려 퍼질 때 나는 목이 타며 숨이 답답해지기 시작했다. 스테파니가 연단에 오르자 눈물이 비 오듯 떨어졌다. 지금도 런던에 가면 영화를 보거나 저녁 외식을 하거나 쇼핑을 하는 등 스테파니가 학교에 다니던 시절처럼 함께 어울린다. 스테파니는 이제 사회에 뛰어들었고 우리는 서로 일정이 맞으면 최대한 함께 시간을 보내려고 노력한다.

내 아들 스티븐도 내게 많은 영향을 주었지만, 스테파니와는 전혀 다르다. 자기가 뭘 하고 싶은지, 그걸 어떻게 이루고 싶은지 아주 명확해서 놀라울 정도였다. 스티븐은 영국 엡솜을 1년 다닌 다음 말레이시아를 경험하고 싶다는 생각에 쿠알라룸푸르로 돌아와 몇 년 더 지냈다. 이제 에이 레벨 시험을 치르려고 영국으로 돌아가고 싶어 한다. 모두 부모 영향이나 도움 없이 스스로 결정하고 전념한 일이다. 아들은 미국 대학에 갈지 영국이나 일본 대학을 갈지 고민하고 있다. 자기 인생과 세상에 대한 넓은 시각을 지녔다.

스티븐은 열두 살 때 내게 컴퓨터 게임을 알려줬다. 인공 지능, 비트코인, e스포츠 후원을 고려해야 한다고 말하기도 했다. 전혀 다른 가능성을 지닌 사업 세계를 보여줘서 기계 학습에 폭넓은 관심을 유도했고 에어아시아를 데이터 중심으로 밀어붙이게 영향을 줬다. 우리가 그 분야에서 진행하는 일 가운데 상당 부분은 스티븐 덕분에 시작했다고 생각한다.

나는 스티븐이 비디오 게임을 많이 하는 걸 좋아하지 않았지만, 재능이 있으니 발전시키도록 내버려뒀다. 결국 어느 순간 스스로 게임을 그만두더니 방향을 바꿔서 운동을 하고 신체 단련을 시작했다. 스티븐은 내게 자기관리를 가르쳤고, 아들에게 많은 것을 배우면서 부모로서 아주 뿌듯했다. 내가 우리 직원에게 계속 강조하는 내용과도 일맥상통한다. 상대가 누구든, 몇 살이든 배울 점이 있으니 항상 귀를 기울여야 한다. 나는 영원히 새로운 것을 배워나가면서 이런 자세를 에어아시아 기업문화의 핵심 요소로 장려하고 싶다.

스티븐과 스테파니 같은 아이들과 함께할 축복을 얻을 수 있어서 행운이었다. 내 여동생 카레나는 튠 그룹에서 일하며 아이들과 가깝게 지내고, 나와도 자주 만난다. 카레나 역시 내게 끊임없이 영감을 주는 사람이다. 법학 학위를 취득한 뒤 밑바닥부터 시작해서 열심히 일했고, 능력을 인정받아 회사에서 높은 지위에 올랐다.

나는 사회적 동물이다. 지금은 술을 거의 마시지 않지만, 친구들과 모여서 웃고 즐기기를 좋아한다. 즐기라고 있는 게 삶이다. 마음을 열고 새로운 경험을 받아들이면 훨씬 많은 걸 얻을 수 있다. 음악도 여전히 중요하다. 원하는 만큼 곡을 쓰지는 못하지만 캘빈 해리스, 키드 잉크, 퍼렐 윌리엄스 같은 가수의 곡을 많이 들었다. 스틸리 댄, 캐롤 킹, 리키 리 존스의 곡은 재생 목록에서 빠진 적이 없다.

나는 기술에 흥분한다. 데이터는 새로운 석유이며, 스티븐 덕분에 새로운 앱이나 기술 혁신을 빠르게 받아들일 수 있었다. 지난 10년 동안 내 휴대폰은 또 하나의 팔 역할을 했다. 나는 쉬지 않고 업무를 확인하고 친구나 직원과 연락한다. 누구에게나 들을 만한 얘기가 있으니, SNS로 새로운 인연을 맺는 것도 좋아한다.

사업에서 오는 도전은 아직도 나를 아침에 잠에서 깨게 만든다. 포뮬러 원이든 항공사 설립이든 새 투자처 물색이든, 도전할 일은 항상 있다. 성공하지 못하더라도 배우면 된다. 시도 자체가 중요하다.

후회하진 않지만 좀 더 잘할 수 있었던 일이 분명 있다. 특히 QPR과 로터스, 케이터햄이 그랬다. 얼마나 많은 실수를 했던가. 포뮬러 원에서는 시간이 전혀 없는데도 처음부터 새 팀을 결성하려고 했던 것이 문제였다. 포뮬러 원 자동차 같은 복잡한 기계를 백지에서 시작해서 몇 달 내에 만들어 내려니 엄청난 비용이 들었다. 그래도 팀 운영비는 맥스가 말해준 정도로 들 줄 알았는데 알고 보니 두 배였다. 하지만 멋진 사람을 몇 명 만났고, 내 모든 사업체가 스포츠와의 제휴 관계에서 이익을 얻은 건 희망적이었다.

이제 53세가 되었고 그동안 바쁘게 살아왔다. 요즘에는 제대로 된 균형을 추구하고 있고 웬만큼 맞췄다고 생각한다. 나는 에너지 넘치는 인간이고 그동안 모든 걸 최대한 밀어붙였지만, 이제 삶에서 쉬어가는 일도 중요함을 깨달았다. 매일, 온종일 100% 완전 가동할 순 없으며 그랬다가는 성공이 가져다주는 다른 장점을 즐기기 전에 죽고 만다. 스스로 천하무적 같고 살면서 아무것도 잘못되지 않을 것 같지만 인생은 꼭 그렇지는 않다. 휴식은 꼭 필요하다.

작년에는 몸이 무척 나빠져서, 내 건강(스테파니가 강조했다)이 얼마나 중요한지 절실하게 깨달았다. 지금도 과체중이지만 이제는 음식이 해로울 수 있다는 걸 이해한다. 설탕은 여기저기 널려 있고 몸을 아수라장으로 만든다. 최근에는 에어아시아 직원들에게 몸에 들어가는 음식을 의식하라고 강조하고 나도 예전보다 훨씬 몸에 주의를 기울이고 있다. 몸은 자동차와 같아서, 돌보지 않으면 제대로 관리할 때보다 훨씬 빠르게 나빠진다. 포기하는 사람도 있지만 결코 늦은 시기는 없다. 나는 작년에 개인 트레이너를 고용하면서 새사람이 된 것 같다. 다시 말하지만 삶에는 균형이 중요하다. 지금 아는 걸 예전에도 알았더라면 일이 더 쉽게 풀렸을 텐데. 일과 건강, 휴식이 적절한 비율로 균형을 이룬다면 훨씬 즐겁게 살아갈 수 있다.

지난 2년간 함께 한 새로운 동반자 클로에 덕분에 새로운 미래가 펼쳐지려고 한다. 클로에는 내게 안정감을 주고, 삶을 돌아보면서 다시 내가 힘을 내게 해준다.

워너에서 일할 때 상사였던 스티븐 쉬림튼이 이런 말을 했다. "자넨 폭풍이야, 토니. 속도를 늦춰. 시속 160km로 달리지 않아도 기다리면 기회가 올 거야."

지금까지 여러 기회가 나를 찾아왔다고 생각한다. 앞을 내다보면, 에어아시아에 강하게 발동을 걸어 진정한 동남아시아 항공사를 창조하면서 동시에 단순한 항공사를 훨씬 뛰어넘는 존재로 발돋움시키는 게 내 계획의 핵심이다. 나는 언제나 아시아에 EU 같은 무역권, 동남아시아 국가 연합이 존재해야 한다는 신념을 지녔다. 자유 시장을 신봉하며, 무역 장벽은 잘못됐다고 믿는다.

내가 아시아에서 이런 노력을 기울이는 와중에 마침 EU가 분열하고 있으니 역설적이라는 생각이 든다. 유럽을 분열시키는 건 잘못이고 대단히 멍청한 짓이다. 왜 이런 갈등이 쌓였는지는 이해한다. 유럽은 2차 세계대전으로 폐허가 되었고, 나치 같은 현상이 다시 나타날까 봐 불안한 마음에 유럽 의회와 단일 화폐 그리고 거대한 관료제를 만들어냈다. 결국 이 관료제가 자신을 옥죄었다. 하지만 중도를 취할 수 있다. 모든 것을 표준화하기는 불가능하며 민족주의가 좀 있다고 해서 해가 되지 않는다. 아일랜드는 영국을, 영국은 프랑스를 못살게 굴 테고 그런 일은 계속될 수밖에 없다. 단일 유럽 화폐는 상업 측면에서 보면 교역이 쉽고 위험이 적으므로 올바른 조치였다. 하지만 제대로 실행하지 않았다. 단일 화폐에 참여하려는 국가는 자격을 갖춰야 했다. 무역 흐름과 국민총생산(GNP, Gross National Products)이 불균형하면 수많은 경제 유형이 충돌하면서 문제가 되므로 나라면 단계적으로 시행했을 것이다. 그 모델을 동남아시아 국가 연합으로 옮겨와서 생각해보면 라오스와 싱가포르가 통화를 통일해야 할 텐데 잘 될 리가 없다. 하지만 말레이시아, 태국, 인도네시아 통화 통일은 궁극적으로 타당하다.

나는 음악 산업에서 일하던 초기에 동남아시아를 하나의 시장으로 밀어붙였다. "내 음악을 6억 인구에 판매할 수 있다면 시도해야 하지 않겠어?" 에어아시아에서는 이렇게 말했다. "좋아, 아직 우리한테 아무도 관심 없다는 거지. 난 동남아시아 항공사를 만들 거다." 그 덕분에 우리는 아주 크게 성장했고 국영 항공사를 제외하면 중국의 어느 항공사보다 크다. 또한 아시아에서 4위로 다양한 곳에 취항한다. 말레이시아에만 취항했다면 항공기 200대를 보유한 항공사가 되진 못했을 것이다.

동남아시아는 유럽에 비하면 아직 갈 길이 멀지만, 유일하게 국제적으로 알려진 동남아시아 브랜드 '아세안'을 만들어냈다. 나는 '하나의 에어아시아'라는 구호와 함께 이 브랜드를 강화하려고 한다.

튠 역시 집중 관리 대상이다. 그동안 튠 그룹에 충분히 주의를 기울이지 못했다. 우리는 관련 회사(튠 프로텍트, 튠 톡, 빅페이)를 모두 에어아시아에 병합해서 기업 지배구조를 투명하게 정리할 계획이다. 모두 통합한 다음 튠 호텔을 손볼 일이 무척 기대된다. 개념이 아주 획기적이기 때문이다. 그리고 튠 프로텍트는 앞으로 대형 디지털 보험회사로 변모할 예정이다. 이렇게 연결되고 나면 각 회사는 잠재력을 최대한 발휘할 수 있다.

에어아시아 내에서 설립한 에어아시아 재단은 내게 자랑스러운 존재이고 좀 더 많은 시간을 쏟고 싶다. 이 재단은 2012년에 예전 에어아시아 동류 문 칭과 함께 설립했다.

2003년, 말레이시아키니MalaysiaKini에서 온라인 보도 기자로 일하던 문 칭을 처음 만났다. 에어아시아가 항로 때문에 싱가포르 정부와 다툰 일을 취재하려고 찾아왔다. 당시 나는 화가 났고, 그녀는 조그만 항공사 소유주가 싱가포르 정부에 대드는 걸 흥미롭게 생각했던 모양이다.

내 밑에서 일하라고 설득한 끝에 문 칭은 4년간 항로 설계 부서장으로 일했다(항공 산업 경험은 없었지만 문 칭에게 가능성이 있다고 생각했다). 그녀는 공부를 계속하려고 회사를 떠났고, 몇 년 뒤 말레이시아로 돌아와 나를 찾아와서 사회적 기업 설립을 추진하고 있다고 말했다.

나는 곧바로 참여했다. 사회적 기업에 항상 관심이 있었지만 적절한 기회를 찾지 못했었다. 에어아시아 활동의 일환으로 삼을 수 있겠다는 생각이 들었다. 쓰나미와 필리핀 태풍의 공포를 겪은 지 얼마 안 됐을 때였다. 문 칭은 먼저 에어아시아 재단의 체계를 잡은 다음 자기 회사를 시작하려고 했다(내가 낸 자금을 활용해서). 재단을 생각할수록 야망이 커졌다. 제대로 해보고 싶었다. 동남아시아 지역을 덮친 비극을 극복하려면 필요한 일이었다. 그래서 재단을 설립했고 5년이 지난 지금도 문 칭이 계속 운영하고 있다.

에어아시아는 재단이 지출하는 돈을 보조금 명목으로 재단에 지급한다. 나는 강연으로 받는 돈을 전부 재단에 기부한다. 재단에 넘겼던 쿠알라룸푸르 국제공항 Z 터미널 건물에 판매 공간을 만들자는 제안이 에어아시아 마케팅 전략 부서에 들어왔다. 현재 그 가게는 사회적 기업에서 생산한 제품을 판매하며 수익금 모두를 재단에 환원한다.

처음 계획은 단순히 자선 활동에 돈을 내기보다는 그 돈으로 지속 가능한 사회적 기업을 돕는 거였다. 그래서 보조금 지급부터 시작했고 효과가 있는 듯했다. 수많은 소규모 사회적 기업이 시작할 때는 자금을 조달하지만 중간 단계에 이르면 전혀 도움을 받지 못해서 2년 이내에

망한다. 사회적 기업을 지원하는 사람도 투자금에서 4~6% 정도 수익을 기대한다. 우리는 그렇게 끝나기를 바라지 않았다. 현금 말고도 마케팅과 브랜딩(단순히 페이스북에 게시물을 등록하고 마는 경우가 많은데, 그거로는 부족하다)을 지원해서 기업 성장을 도왔다.

우리가 돕는 기업은 지방 소규모 수공업자가 많아서 SNS를 활용한 최신 판매 기술을 접한 적이 별로 없다. 문 칭이 이끄는 팀은 그런 회사에 합류해서 장인들이 더 효과적으로 제품을 판매할 수 있게 도왔고 지역사회에서 진정한 변화를 끌어냈다. 나도 사정이 허락한다면 언제나 기꺼이 나서서 돕는다. 그래서 〈어프렌티스 아시아〉를 제안받았을 때 에어아시아 재단은 우리가 투자하는 단체를 선보일 자선 행사를 기획했다.

투자하는 기업의 범위는 항상 확대되고 있다. 지금까지 재생 에너지 프로젝트에서 커피 회사, 여행사에 이르기까지 20여 군데 회사를 지원했다. 현금을 지원할 뿐만 아니라 좋은 변화를 끌어낸다는 원칙을 항상 지켰다.

예를 들어, 1990년대에 말레이시아 경기가 부진했을 때 직장을 잃은 기술자들이 최근 보르네오섬에 모여서 외딴 마을을 위한 초초소수력 발전기 프로젝트에 참여했다. 그 지역은 앞으로도 영영 전국 송전선망에 연결되기 힘들 곳이었다.

기술자들은 혁신해가며 발전기를 설치하기 시작했다. 그런데 설계과정이 어림잡아 계산하는 수준으로 지나치게 단순해서, 에어아시아 기술자들이 오토 캐드를 사용하여 더욱 정교한 공학 기술을 전수했다. 우리는 이런 활동을 '좋은 일을 하는 올스타' 프로그램으로 브랜드화하고 재단 자원봉사에 참여하도록 장려했다. 직원들은 개인 시간에 많이 참여했다. 에어아시아가 토요일 항공료를 지급했고 직원들은 공학 센터에 가서 훈련했다.

기술을 전해주고 교육하고, 그들이 우리의 전문지식을 활용해서 서비스를 제공하게 함으로써 우리는 진정한 변화를 이뤘다. 나는 이렇게 상대가 자생하게 도와주는 방식을 선호한다. 우리 기술자에게 배운 사람은 그 지식을 다음 사람에게, 그 사람은 또 다음 사람에게 계속 전달할 수 있다.

우리는 수공업 제품을 만드는 회사에 도움이 될 만한 판매 경로가 있는지 살펴봤다. 나는 지역 특산품을 판매하는 기내 판매점을 만들고 싶다. 기내에서 제품을 판매해서 번 돈이 초대형 다국적 기업이 아니라 지역으로 다시 돌아가는 판매 환경을 창조할 수 있다면 얼마나 멋진 일인가.

에어아시아 재단은 인도적 지원 사업도 추진하고 있다. 우리는 수년간 엄청난 구호품 및 구호 전문가를 수송하고 재난 지역에서 수많은 생존자를 실어 옮겼다. 앞서 말했지만, 인도네시아 아체 지역에서 일어난 쓰나미 재난에 빠르게 대응했던 일은 시작일 뿐이었다. 2015년 네팔이 80년 만에 최악의 지진을 겪었을 때 우리는 곁을 지켰다. 태풍 하이옌이 필리핀을 강타했을 때 복구를 돕기 위해 대규모 기금 모금을 추진해서 2백만 달러 이상을 모으고, 화물을 400톤 수송하고, 532가구에 달하는 집을 짓고 133개 상점이 다시 영업을 시작하게 지원했다. 에어아시아 재단은 진심으로 더 많은 시간을 쏟고 싶은 사회적 기업이다.

내가 다섯 살일 때, 삼촌은 내게 위대한 정치가가 될 거라고 말했다. 그 말은 항상 내 머릿속에 남아 있다.

아직 할 일이 많지만, 인생의 다음 단계에는 몇 가지 일에만 집중하고 싶다. 예를 들어 최근 내 관심사는 두 가지 중요한 문제에 쏠려 있다. 하나는 내 건강에 신경을 쓰면서, 다른 하나는 쿠알라룸푸르에 엡솜 컬리지의 첫 해외 분교가 들어서는 일을 도우면서 관심을 갖게 됐다.

항공사에는 일등석, 비즈니스석, 프리미엄 일반석과 일반석이 있다. 에어아시아는 일반석만 고집하고 나머지 좌석은 다른 항공사에 맡겼다. 정부 의료 체계를 살펴보니, 모든 이를 만족시킬 시스템을 만드는 건 불가능하다는 사실을 깨달았다. 그러나 민간 의료를 이용할 수 있는 사람은 극소수에 불과하므로 정부 의료와 민간 의료 사이에 뭔가를 마련해야 한다. 내가 보기에 병원들이 혼자서 모든 걸 다 하려고 하지만, 사람들이 앓는 병 가운데 80%는 전체 질병의 20% 수준에 불과하다. 더 복잡한 병을 앓는 나머지 20% 환자들은 전문가의 몫이고, 이들까지 병원에서 치료하는 건 비효율적이다. 80%에 해당하는 환자를 치료할 병원(일례로 튠 병원)을 세워야 한다. 그렇게 하면 모든 질병을 다뤄야 하는 정부 시스템보다 훨씬 효율적이고 결국 정부 부담을 덜어 준다. 또한 병원 내부에 존재하는 비효율성을 기술로 바로잡고 병원 직원의 업무를 더 유연하게 조정할 수 있다. 의료 체계는 내부에서 일어나는 사건에 대응하며 발전해왔다. 하지만 항공 산업이 그랬듯 외부 시각으로 접근해서 새로운 방식을 도입하면 전체 네트워크를 창조적으로 파괴하고 환자에서 의사까지 이해관계자 모두를 도울 수 있다.

교육도 비슷하다. 사립학교는 일반 가정이 감당하기에 지나치게 비싸고, 공립학교는 모든 사람에게 맞추려다 보니 누구도 만족시키지 못한다. 다시 말하지만 80:20 법칙을 적용해서 교육과정의 80%를 확실하게 바로잡되 학생들에게 적절한 요금을 부과하는 사립학교 형태로 교육제도를 개편하면 된다. 나는 다양한 방식을 탐구해서 장기적으로 공교육 체계의 부담을 덜어줄 사립 교육을 시작하고 싶다.

요즘 나는 여러 가지 프로젝트와 아이디어를 둘러보고 있다. 사실 데이터, 아세안, '하나의 에어아시아'만으로도 한가할 틈이 없지만 좀 더 지속 가능한 시각으로 접근하려고도 노력한다. 최근 포뮬러 원의 전설 니코 로즈버그를 만나 오랫동안 대화를 나눴다.

니코 로즈버그는 물론 놀라운 선수이자 정직하고 솔직한 남자지만, 그 밖에도 내게 큰 영감을 주는 이유가 있다. 니코는 정상에 올랐을 때 그만뒀다. 꿈을 꿨고 그 꿈을 이뤘으니 됐다고 생각해서다. 그 종목 내에서 더 많은 상을 노릴 수도 있었을 텐데 다른 시도를 하기로 했다. 니코가 나에게 포뮬러 원을 은퇴한다고 했을 때 정말 놀랐다. 선수 대부분은 경쟁심이 강한 본성상 새롭게 도전하고 싶어 할 것 같았기 때문이다. 하지만 니코는 자기 분야에서 가장 높은 수준을 달성한 뒤 그 정도면 충분하다고 결론 내렸다. 원했던 걸 이루고 정상에서 물러났다. '딱 1년만' 더 해보자는 유혹에 빠지는 것은 망하는 지름길이다.

훌륭한 리더는 그만둘 때를 안다는 사실을 니코가 알려줬다. 자신이 떠나면 회사나 팀, 서비스가 더 나아지겠다고 깨닫는 시점에 떠나는 게 리더의 필수적인 덕목이다. 내가 곧 떠난다는 뜻은 아니지만 언제든 딘과 나는 때가 됐다고 느낄 때 에어아시아의 미래를 우선시할 생각이다.

식당이나 클럽에서 나를 알아보는 사람들은 의외로 내가 수수해서 놀란다. 경호원을 잔뜩 데리고 다니지도, 화려한 차림새를 뽐내지도 않는다. 오히려 부랑자 같다고 핀잔 들은 적이 있을 정도다. 외모 지상주의가 지나치다고 생각하며 굳이 똑똑해 보이고 싶지 않다. 진정한 아름다움은 내면에서 우러나오는 법이다.

나는 장벽을 쌓지 않는다. 상대가 나를 모욕하려는 게 아닌 이상 멈춰 서서 대화를 나누겠다는 뜻이다. 어떤 사람이든 일부러 나가서 만나고 대화를 나눈 덕분에 성공할 수 있었던 만큼, 나는 벽 뒤로 숨을 필요를 느끼지 못한다. 장벽이 없으면 삶이 훨씬 풍부해진다.

그래서 말레이시아에서 출근할 때 기차를 탄다. 대부분은 그냥 지나치지만 누군가 "혹시 토니 페르난데스 씨 아니에요?"라고 물으면 그곳은 아수라장이 된다. 기차에 탄 모든 사람이 함께 사진을 찍고 싶어 한다. 그러면 나는 기꺼이 함께 찍는다. 나도 즐겁고 아이들에게도 좋은 본보기가 되리라고 생각한다.

나를 잘 모르는 사람들, 내 입장을 지키려고 싸우는 공격적인 모습만 매체에서 본 사람들은 내가 거만하다고 생각하지만 나는 40년 전 엡솜 컬리지에 다닐 때와 같은 사람이다. 중요하다고 생각하는 데 열정을 기울이고, 절대 그런 이유로 사과하지는 않는다.

많은 CEO와 성공한 사람들은 자기에게 우호적인 언론을 신뢰하고, 자기 뿌리를 잊게 해줄 아첨꾼을 주변에 둔다. 다시 말하지만 나는 그럴 이유를 느끼지 못하며 유명세와 돈에 좌우되지 않는다. 의식해서 결정한다기보다는 타고난 성격에 가깝고 내 가치는 미래에 달려 있다는 신념에 따라 살아간다. 과거의 성공이나 명성에 기대어 앞으로 나아갈 수 없으며 끊임없이 개선하고 배우고, 꿈을 이루기 위해 매진해야 한다는 뜻이다. 그러려면 내가 어디에서 왔는지 절대 잊으면 안 된다. 내가 얼마나 발전했는지 알려주는 훌륭한 지표는 바로 그 기억이지 사람들이 하는 말이나 뉴스 기사가 아니다.

내가 열두 살 때, 누군가 내게 항공사, 포뮬러 원 팀, 영국 축구 구단을 소유하리라고 말했다면 이렇게 대답했을 것이다. "대체 무슨 약을 한 거예요? 나도 좀 줘봐요." 간식 상자에 붙였던 꿈을 이루긴 했지만 아직도 도전할 일이 있다. 성공할 수도, 실패할 수도 있다. 실패하더라도 포기하지 않고 성공할 때까지 시도할 생각이다.

그래서 나는 지금도 높이 날고 있다.

감사의 글

이 책을 쓰면서 지난 일을 돌아보고 내 여정에 함께 해준 사람을 추억할 수 있었다.

무엇보다, 자애롭고 배울 점이 많은 부모님의 아들로 태어나 정말 행복하고 감사하다. 부모님은 내게 연민과 삶에 대한 열정을 가르치셨다. 돌아가신 아버지는 위대한 재즈 음악가를 알려주셨고 약자의 편에 서는 일이 얼마나 가치 있는지 보여주셨으며, 공익을 추구하며 공중 보건에 헌신하는 모습을 통해 내가 평등한 세상을 꿈꾸게 하셨다. 아직 갈 길이 멀지만, 전 세계 지역사회가 자립하도록 내가 작은 걸음이나마 올바른 방향으로 내디디고 있다고 믿고 싶다.

돌아가신 어머니는 용기와 기업가 정신을 물려주셨다. 어머니의 타파웨어 파티는 전설적이었고 파티를 주관하는 수완도 대단했다. 내게 항상 열렬한 지지와 격려를 보내셨고 어디서나 자리를 빛내셨다. 어머니가 돌아가셨을 때는 내 삶에서 가장 어두운 순간이었다. 당시 항공료가 너무 비싸서 임종을 지키지 못하고, 심지어 고향에서 치른 장례식에 참석하지도 못했던 게 지금도 참 한탄스럽다. 엄마, 난 그때 언젠가 저렴한 가격에 비행기를 탈 수 있게 만들겠다고 다짐했어요. 엄마가 자랑스러워 해주셨으면 좋겠어요. 항상 나를 믿어주셔서 고마워요.

만났던 모든 사람이 내게 가르침을 주었다. 특히 동료이자 친구라고 부를 수 있는 놀라운 사람들을 만나고 함께 일하게 돼서 정말 큰 행운이었다. 제일 먼저 다툭 딘, 내 형제(왜 다들 널 '다툭[7]'이라고 부르고 나는 '토니'라고 부르는지 모르겠다). 동업자를 넘어 친구이자 형제가 돼 주어서 고맙다. 어떤 말로도 우리 인연을 설명하지 못한다. 함께 웃고 울면서도 늘 함께였고 서로 중심을 잡아줬다. RAP 계약에 바가지를 씌우면서 내 인생에 등장해줘서 고마웠다. 다툭 파하민 라잡, 코너 매카시, 다토 압둘 아지즈 바카르, 여러분이 없었다면 에어아시아는 꿈에 지나지 않았으리라 생각한다.

적이었다가 단짝이 된 제이 라작, 또는 나지르. 삶이란 그런 거야. 내 딸을 비롯한 많은 사람들이 우리가 사귀는 줄 알더라(하하하!). 친구 없이는 인생이 빈곤해진다는 사실을 배웠다. 제임스 테일러와 캐롤 킹이 노래했듯 "우리에겐 친구가 있다." 우리 사이를 두고 책이라도 쓸 수 있을 듯하다. 혹시 모르지, 언젠가는. 아직 살아갈 날이 많으니까.

QPR 형제, 아미트와 루벤에게. 얼마나 험난한 여정이었는지! 언제나 비난을 막아서고, 단결하고, 웃음을 주고, 지지를 보내고, 현명하게 있

---

7) Datuk: 말레이시아, 인도네시아, 브루나이에서 사용되는 전통 작위로 전통사회나 국가에서 부여한다. 말레이시아에서는 남자 어른을 존중하는 의미로 사용되기도 한다.

는 그대로 얘기해줘서 늘 고마웠다. 루벤, 언젠가 우린 기분 좋게 리버풀을 꺾고 말 거다.

레스 '뱅' 퍼디낸드에게. 언젠가 탁구든 뭐든 내가 이길 날이 오겠지. 요즘 같은 축구계에서 정직해줘서, 그리고 훌륭한 신사가 돼 줘서 고마웠다. 이안 홀로웨이의 열정과 신념에도 감사한다.

항상 날 우선시하고 정신 차리게 해준 라레사 켈리를 특별히 언급하고 싶다.

QPR 팀에게. 뭔가 특별한 걸 함께 만들어내자. 그리고 모든 QPR 직원들에게. 항상 구단을 먼저 생각해줘서 고맙다.

QPR 팬 여러분. 나를 변함없이 지지해주고 팀을 믿어줘서 고마웠다. 정말 신나는 일이 시작될 거다.

케이터햄 가족에게. 다음 책에서는 새 자동차와 새로운 케이터햄을 만들어나가는 이야기를 하려 한다. 인내하고 단결해줘서 고맙다.

'하나의 말레이시아' 가족 키안 온과 칼리. 웃기도 하고 싸우기도 했지만 두 사람은 항상 내 곁에 있어 줬다. 두 사람이 없다면 토니 페르난데스도 없다.

제프리 이멜트, 마이크 존스, 톰 엔더스, 키란 라오 그리고 제롬과 헬만에게. 오늘날 기업 세계는 무자비한 곳이지만 우리는 의리와 우정도 중요하다는 사실을 모두에게 보여줬다. 좋은 시절은 물론 나쁜 시절에도 우리는 서로의 곁을 지켰다.

마틴 토스랜드에게. 뒤죽박죽인 내 삶과 일을 꿰뚫어 보고 정리해서 멋지게 이 책으로 엮어줬다. 당신은 재능 있는 사람이다. 정말 대단하다고 생각한다. 너무 힘들게 해서 미안하다!

재케 청에게. 지칠 줄 모르는 비서. 혼란스러운 내 일정을 매끄럽게 정리해줘서 고맙다.

사랑하는 동생, 최고의 변호사 카레나. 항상 나를 먼저 생각해주고 내가 하는 일마다 마음을 써줘서 고맙다.

페르난데스 집안의 모든 일에 중요한 역할을 해준 애니. 당신이 최고다.

또 하나의 가족, 에어아시아 올스타 2만 명이 없었더라면 지금 이 자리에 있지 못했을 거다. 재주도 많고 부지런하고, 헌신적이고, 창의적인 사람들이 나와 함께해줘서 감사한 마음이다. 여러분을 이끌 수 있는 걸 정말 영광으로 생각한다.

이 책을 의뢰하고 구상부터 출판까지 지켜본 마커스 라이트와 조엘 리켓에게 감사한다. 부편집자 리디아 야디, 교열 담당자, 교정 담당자 그리고 내 이야기를 엮는 버거운 일을 해낸 펭귄 출판사 모든 이들에게 감사드린다.

내 삶의 아주 많은 부분을 바꿔준 클로에. 기적은 정말 일어난다. 당신은 내 삶에 일어난 기적이다.

그리고 마지막으로, 꿈을 꾸는 모든 이에게. 이 책이 당신에게 영감을 주었으면 좋겠다. 내 메시지는 단순하다. 어떤 꿈은 정말 현실이 된다. 용기 있게 꿈을 펼치길 바란다.

Flying High

1판 1쇄 인쇄 2018년 12월 1일
1판 1쇄 발행 2018년 12월 14일

지은이 Tony Fernandes
펴낸이 박현
펴낸곳 트러스트북스

등록번호 제2014-000225호
등록일자 2013년 12월 3일

주소 서울시 마포구 서교동 성미산로2길 33 성광빌딩 202호
전화 (02) 322-3409
팩스 (02) 6933-6505
이메일 trustbooks@naver.com

값 15,000원
ISBN 979-11-87993-54-4 13980

믿고 보는 책, 트러스트북스는 독자 여러분의 의견을 소중히 여기며,
출판에 뜻이 있는 분들의 원고를 기다리고 있습니다.